北京高等教育精品教材
国家级精品课
首批国家级资源共享课
首批国家级一流本科课程(线下)

画法几何

刘静华 主编

北京航空航天大学出版社

内容简介

本书根据教育部提出的"面向二十一世纪高等教育改革"教改项目——"机械基础系列课的教改研究与实践"课题的改革成果编写而成,形成《画法几何》和《机械制图》两本教材。本书主要内容包括空间形体、几何元素的投影及相对位置、投影变换、平面立体、基本旋转体、平/曲面的相交、CSG体素构造法、轴测投影等。

本书可作为高等工科院校机械类专业本科生的专业基础课教材,也可作为其他相关专业学生或工程技术人员的参考用书。

图书在版编目(CIP)数据

画法几何 / 刘静华主编. -- 北京:北京航空航天大学出版社,2020.8

ISBN 978-7-5124-3330-4

Ⅰ.①画… Ⅱ.①刘… Ⅲ.①画法几何-高等学校-教材 Ⅳ.①O185.2

中国版本图书馆 CIP 数据核字(2020)第 147505 号

版权所有,侵权必究。

画法几何

刘静华 主编

责任编辑 蔡 喆

*

北京航空航天大学出版社出版发行

北京市海淀区学院路 37 号(邮编 100191) http://www.buaapress.com.cn
发行部电话:(010)82317024 传真:(010)82328026
读者信箱:goodtextbook@126.com 邮购电话:(010)82316936
三河市华骏印务包装有限公司印装 各地书店经销

*

开本:787×1 092 1/16 印张:8.25 字数:211 千字
2020 年 9 月第 1 版 2021 年 9 月第 2 次印刷 印数:3 001~6 000 册
ISBN 978-7-5124-3330-4 定价:29.00 元

若本书有倒页、脱页、缺页等印装质量问题,请与本社发行部联系调换。联系电话:(010)82317024

前　言

20世纪90年代以来，围绕高等工程教育如何进行改革，国内外展开了一系列讨论。1996年，教育部提出了"面向二十一世纪高等教育改革"教改项目，开始了全国范围内的教改大行动。我们有幸参加了"机械基础系列课的教改研究与实践"课题，针对"画法几何""机械制图""机械原理""机械设计"等课程进行改革。经过多年的实践与探索，2001年本系列课程荣获国家教学成果二等奖和北京市教学成果一等奖，2002年《机械设计基础（上册）》和《机械设计基础（下册）》获批北京市高等教育精品教材立项，在北京航空航天大学出版社出版后，2007年《机械设计基础（上册）》和《机械设计基础（下册）》被评为北京高等教育精品教材，《机械设计基础（上册）》主要涵盖"画法几何"和"机械制图"两部分内容。我校讲授这两部分内容的"工程图学"课程于2006年获评北京市精品课程和国家级精品课程，于2016年成为首批国家级资源共享课（课程网址：http://www.icourses.cn/sCourse/course_3287.html），并于2020年获首批国家级一流本科课程（线下）。

2018年召开的全国教育大会对高等教育提出了新的要求，为了培养出适应新时代需求的应用型、创新型人才，我们对"画法几何"和"机械制图"课程进行了优化和改革。课程内容以图学教学基本要求为基础，拓展广度和深度，坚持知识、能力、素质有机融合，培养学生解决复杂问题的综合能力和图形思维；开展研究性教学，将学术研究、科技发展前沿成果引入课程，利用现代化技术实现教学互动，引导学生进行研究性与个性化学习；设置研究性课题与综合创新设计教学，培养学生分析和解决复杂工程问题的方法和能力，工程实践及创新设计的能力，严格实施综合性知识与能力的过程考核。

为配合课程改革，紧跟时代步伐，我们对课程教材《机械设计基础（上册）》进行了修订，在继承经典的同时，删减了部分过时的内容，对章节安排进行整合优化，为更好地与授课教学内容的安排衔接，将全书的"画法几何"和"机械制图"两部分内容，分为《画法几何》和《机械制图》两本教材出版。本书主要内容包括：空间形体、几何元素的投影及相对位置、投影变换、平面立体、基本旋转体、相交、CSG体素构造法、轴测投影等。讲授48学时，另有16学时上机实践。

本书由刘静华主编。参加编写工作的还有潘柏楷、王运巧、杨光、马金盛、王玉慧、肖立峰、宋志敏、汤志东和马弘昊，参加绘图工作的有浦立、唐科、王凤彬、王增强和李瀛博。

由于编者水平有限，书中不妥之处，恳请广大读者批评指正。

编　者

2020年5月

目　　录

第1章　空间形体 …………………………………………………………………… 1
1.1　形体及其生成与分解 ………………………………………………………… 1
1.1.1　形体的分类 ……………………………………………………………… 1
1.1.2　形体的生成与分解 ……………………………………………………… 3
1.2　空间形体的三维与二维描述方法 ……………………………………………… 5
1.2.1　空间形体的三维描述方法 ……………………………………………… 5
1.2.2　空间形体的二维描述方法 ……………………………………………… 7

第2章　几何元素的投影 …………………………………………………………… 10
2.1　点在两投影面体系中的投影 ………………………………………………… 10
2.1.1　两投影面体系 …………………………………………………………… 10
2.1.2　点的投影 ………………………………………………………………… 10
2.1.3　投影面上的点 …………………………………………………………… 11
2.2　点在三投影面体系中的投影 ………………………………………………… 12
2.2.1　三投影面体系 …………………………………………………………… 12
2.2.2　点在三面体系中的投影 ………………………………………………… 12
2.2.3　点的投影与坐标的关系 ………………………………………………… 13
2.2.4　点的三面投影作图举例 ………………………………………………… 13
2.3　直线的投影 …………………………………………………………………… 15
2.4　直线与投影面的相对位置 …………………………………………………… 15
2.4.1　一般位置的直线 ………………………………………………………… 16
2.4.2　特殊位置的直线 ………………………………………………………… 16
2.5　二直线的相对位置 …………………………………………………………… 19
2.5.1　平行二直线 ……………………………………………………………… 19
2.5.2　相交二直线 ……………………………………………………………… 20
2.5.3　交叉二直线 ……………………………………………………………… 20
2.5.4　应用举例 ………………………………………………………………… 21
2.6　一般位置直线段的实长与倾角的解法 ……………………………………… 22
2.7　直线上的点 …………………………………………………………………… 23
2.7.1　投影特性 ………………………………………………………………… 23
2.7.2　作图举例 ………………………………………………………………… 24
2.8　直角投影定理 ………………………………………………………………… 24
2.8.1　定　理 …………………………………………………………………… 25

2.8.2 逆定理 ………………………………………………………………………… 25
　　2.8.3 应用举例 ……………………………………………………………………… 26
2.9 平　面 ………………………………………………………………………………… 27
　　2.9.1 平面的确定及其投影作图 …………………………………………………… 27
　　2.9.2 平面与投影面的相对位置 …………………………………………………… 29
　　2.9.3 平面上的点和直线 …………………………………………………………… 31
　　2.9.4 平面上的特殊直线 …………………………………………………………… 33

第3章　几何元素的相对位置

3.1 平行问题 …………………………………………………………………………… 37
　　3.1.1 直线与平面平行 ……………………………………………………………… 37
　　3.1.2 平面与平面平行 ……………………………………………………………… 38
3.2 相交问题 …………………………………………………………………………… 39
　　3.2.1 平面与平面相交 ……………………………………………………………… 39
　　3.2.2 直线与平面相交 ……………………………………………………………… 41
　　3.2.3 可见性问题 …………………………………………………………………… 43
　　3.2.4 利用穿点法求两平面的交线 ………………………………………………… 43
3.3 垂直问题 …………………………………………………………………………… 44
　　3.3.1 直线与平面垂直 ……………………………………………………………… 44
　　3.3.2 平面与平面垂直 ……………………………………………………………… 47
　　3.3.3 直线与直线垂直 ……………………………………………………………… 48
3.4 综合问题 …………………………………………………………………………… 50

第4章　投影变换

4.1 换面法的基本原理 ………………………………………………………………… 53
4.2 点的换面 …………………………………………………………………………… 53
4.3 直线的换面 ………………………………………………………………………… 54
4.4 平面的换面 ………………………………………………………………………… 57

第5章　平面立体

5.1 平面基本几何体 …………………………………………………………………… 59
5.2 切割型平面立体 …………………………………………………………………… 60
5.3 相贯型平面立体 …………………………………………………………………… 62
　　5.3.1 几何分析 ……………………………………………………………………… 62
　　5.3.2 投影分析 ……………………………………………………………………… 63

第6章　基本旋转体

6.1 基本旋转体的形成 ………………………………………………………………… 66
6.2 基本旋转体的投影 ………………………………………………………………… 66

目 录

    6.2.1 圆柱体 ··· 66

    6.2.2 圆锥体 ··· 67

    6.2.3 圆球体 ··· 69

    6.2.4 圆环体 ··· 69

  6.3 旋转面上点的投影 ··· 71

    6.3.1 圆柱面上点的投影 ··· 71

    6.3.2 圆锥面上点的投影 ··· 72

    6.3.3 圆球面上点的投影 ··· 72

  6.4 简单组合体 ·· 73

  6.5 表示物体内部形状的方法——剖视 ··· 74

第 7 章　平面与曲面相交 ·· 76

  7.1 截交线的基本概念 ··· 76

  7.2 截交线的投影作图 ··· 77

    7.2.1 平面与圆柱相交 ·· 77

    7.2.2 平面与圆锥相交 ·· 80

    7.2.3 平面与球相交 ··· 82

    7.2.4 平面与圆环相交 ·· 84

  7.3 组合体的截交线 ··· 85

第 8 章　曲面与曲面相交 ·· 88

  8.1 相贯线的基本概念 ··· 88

  8.2 用积聚性法求相贯线 ··· 89

  8.3 用辅助平面法求相贯线 ··· 91

  8.4 用辅助球面法求相贯线 ··· 92

  8.5 相贯线的形式及影响因素 ··· 94

    8.5.1 关于二次曲面的相贯线 ·· 94

    8.5.2 尺寸大小的变化对相贯线的影响 ·· 95

    8.5.3 相对位置的变化对相贯线的影响 ·· 96

  8.6 复合相贯 ·· 96

第 9 章　CSG 体素构造法 ·· 101

  9.1 体素构造 CSG 的原理和方法 ·· 101

  9.2 空间形体的正则集合运算 ··· 102

  9.3 建立实体模型的一般过程 ··· 103

  9.4 空间形体的 CSG 树表示 ·· 104

  9.5 空间形体的体素和构造形式实例分析 ··· 105

第 10 章　轴测投影图 ··· 111
10.1 轴测投影 ··· 111
10.2 徒手绘制轴测草图 ··· 122

参考文献 ··· 124

第1章 空间形体

1.1 形体及其生成与分解

自然界物体的形状是多种多样的。但从几何构形的观点来看,任何形体都是有规律的。为了全面认识各种形体的几何含义,并且将其进行正确表达,就需要研究物体的类型和形成的规律,研究空间形体的分析方法,在对空间形体进行生成和分解的分析过程中,更加深刻地认识空间形体。

1.1.1 形体的分类

空间形体可以分为基本形体和组合形体。

1. 基本形体

基本形体是形体最基本的组成,按其表面形成的特点分为平面基本几何体和回转面基本几何体。

(1) 平面基本几何体

平面基本几何体的表面是由若干个平面围成的。它有两种表现形式,即棱柱体和棱锥体,如图1-1所示。可以看出,棱柱体的特点是:它有不同形状的基面,侧棱相互平行;若用平行于基面的平面在不同位置剖切,可得到与基面全等的平面形状。棱锥体的特点是:有不同形状的基面,但侧棱交于一点;若用平行于基面的平面在不同位置剖切,可得到与基面大小不等但相似的平面形状。

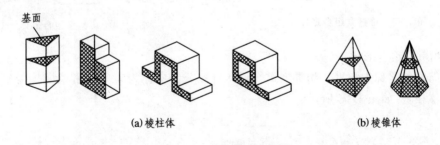

图1-1 平面基本几何体

(2) 回转基本几何体

回转基本几何体的表面主要是由回转面围成的。通常有四种表现形式,即圆柱体、圆锥体、圆球体和圆环体,如图1-2所示。它们的共同特点是用平面垂直轴线剖切后,可得圆的形状;而不同点是回转面中素线的形状和素线与轴线的位置不同。如圆柱体回转面的素线为直线,并与轴线平行;圆锥体回转面的素线亦为直线,但与其轴线交于一点;圆球体回转面的素线为一半圆,其圆心位于轴线上;圆环体回转面的素线为一整圆,其圆心不在轴线上。

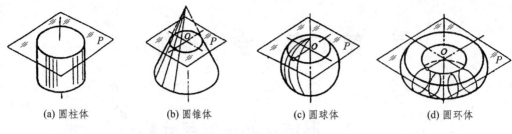

(a) 圆柱体　　　　(b) 圆锥体　　　　(c) 圆球体　　　　(d) 圆环体

图 1-2　回转基本几何体

2. 组合形体

组合形体是由若干个基本形体组合而成。由于组合方式不同,可分为堆垒型组合形体、切割型组合形体、相贯型组合形体和复合型组合形体。

(1) 堆垒型组合形体

这种组合形体像积木块一样,将若干个基本形体简单地叠加,并保持各自基本形体的完整性,如图 1-3 所示。

(2) 切割型组合形体

这种组合形体是用若干个平面切割基本形体而成,如图 1-4 所示。

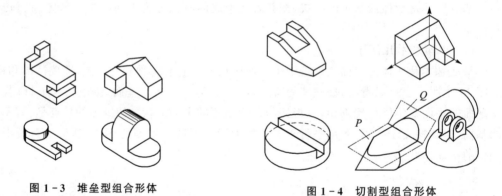

图 1-3　堆垒型组合形体　　　　图 1-4　切割型组合形体

(3) 相贯型组合形体

立体间的相交称为相贯。相贯型组合形体可以分为实体与实体相贯及实体与空体相贯、空体与空体相贯,如图 1-5 所示。

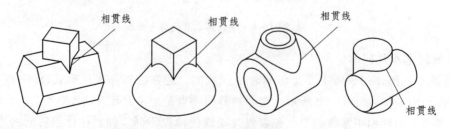

图 1-5　相贯型组合形体

(4) 复合型组合形体

复合型组合形体可以认为是堆垒、切割和相贯型组合形体的综合,如图1-6所示。

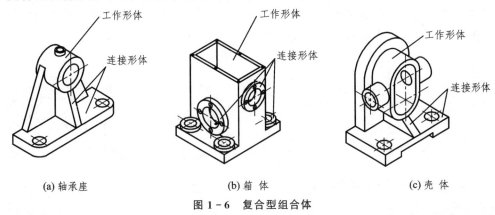

(a) 轴承座　　　　　　　(b) 箱体　　　　　　　(c) 壳体

图1-6　复合型组合体

1.1.2　形体的生成与分解

不同的形体,有不同的生成方法,一般情况下有两种:运动生成法和组合生成法。形体的分解是生成的逆过程。掌握形体生成的过程,就能清楚地了解形体成形的原因,就能将任何形体进行分解。形体分解是将组合体分解成若干个基本形体,再将基本形体分解成几何元素(面、线及点)。

1. 形体的生成

(1) 回转法

回转法生成回转体,生成的条件为:回转轴线和运动母线(或平面图形)。不同性质的运动母线(或平面图形),与回转轴线相对位置不同,可生成不同的回转体。图1-7所示是基本回转体的生成。图1-8所示是组合型回转体的生成。

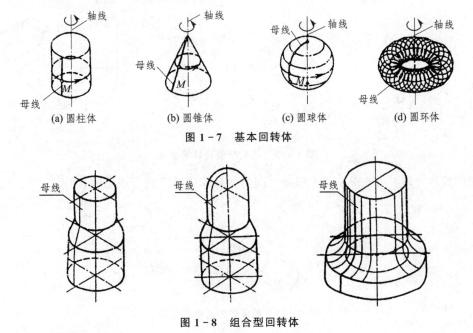

(a) 圆柱体　　　　(b) 圆锥体　　　　(c) 圆球体　　　　(d) 圆环体

图1-7　基本回转体

图1-8　组合型回转体

(2) 移动法

任一平面图形(基面)沿某一直线或曲线方向平移可生成某种形体。如正圆柱体可以看成是圆沿着垂直于圆平面的方向平移的结果,如图 1-9 所示;同理,正六棱柱体也可看成是正六边形沿垂直于正六边形平面的方向平移的结果,如图 1-10 所示。

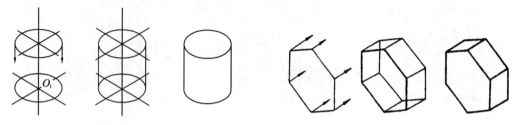

图 1-9　平移法生成正圆柱体　　　　图 1-10　平移法生成正六棱柱体

(3) 组合法

堆垒型组合体:将各种基本形体用叠加的方法组合成的形体,如图 1-11 所示。

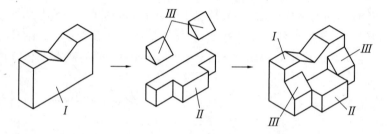

图 1-11　堆垒型组合体的生成

切割型组合体:将基本形体用面剖切的方法组合成的形体,如图 1-12 所示。

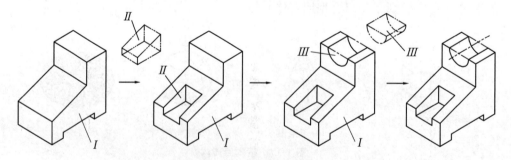

图 1-12　切割型组合体的生成

相贯型组合体:用若干个基本形体之间的各种相交关系组合成形体,如图 1-13 所示。

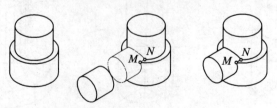

图 1-13　相贯型组合体的生成

复合型组合体：用若干个基本形体，通过堆垒、切割及相贯的方法，综合地组合成的形体，如图 1-14 所示。

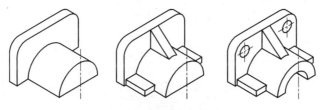

图 1-14　复合型组合体的生成

2. 形体的分解

组合形体是由各种基本形体组合而成的，因此，它可以分解成若干个基本形体。

(1) 简单组合体的分解

对于简单组合体的分解，要用堆垒、切割及相贯的方法去分析它的生成，如图 1-15 所示。

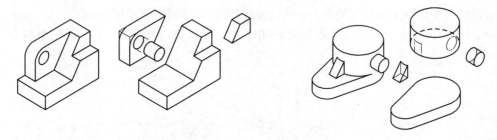

图 1-15　简单组合体的分解

(2) 复杂组合体的分解

复杂组合体是由若干个简单组合体组合而成，是具有功能性的组合体。因此，它的分解过程是，首先分解成带有某种功能的简单组合体，然后再分解成若干个基本形体，如图 1-16 所示。

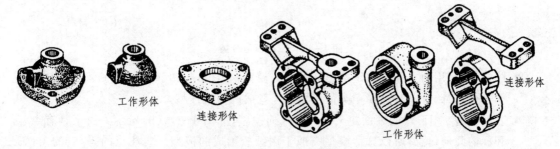

图 1-16　复杂组合体的分解

1.2　空间形体的三维与二维描述方法

1.2.1　空间形体的三维描述方法

随着计算机技术和图形学理论的迅猛发展，计算机可以生成非常逼真的、各种各样的三维形体。利用绘图软件，将空间形体的有关数据输入，就可以在计算机内部建立起完整的三维几何模型，并在屏幕上显示。图1-17即为计算机生成的摇臂的三维几何模型。该模型建立完成后，可以根据需要显示不同观察点下的摇臂的图形，如图1-18所示。

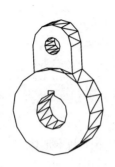

图1-17 摇臂的三维模型

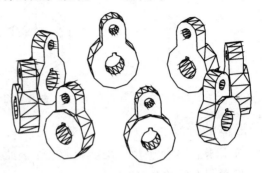

图1-18 不同方位的摇臂

形体的三维模型主要分三种类型：线框模型、表面模型和实体模型，如图1-19所示。一般来讲，这三种模型都可产生三维视觉效果，但它们在计算机内部定义几何模型的数据结构是不同的。

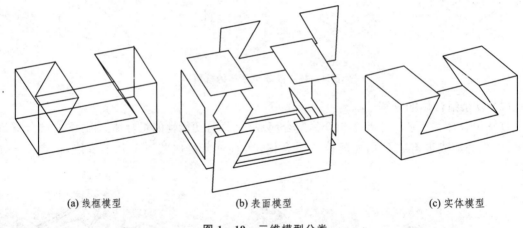

(a) 线框模型　　　　　(b) 表面模型　　　　　(c) 实体模型

图1-19 三维模型分类

- 线框模型：用顶点和棱边定义形体的几何模型，如图1-19(a)所示。由于只有点和边的几何信息，所以这种模型类似于用铁丝弯成的框架模型。
- 表面模型：用形体的表面定义形体的几何模型，如图1-19(b)所示。由于具有点、边和面的几何信息，所以这种模型类似于用纸板围成的模型。要注意的是，它的内部是空心的，因此不能直接用这种模型进行与质量有关的分析计算。
- 实体模型：用实体造型技术生成的几何模型，如图1-19(c)所示。它类似于用石膏制成的实心体模型。由于它的几何模型中包含了实心体部分的有关信息，所以不仅可以直接用它进行物理性质分析计算，而且还可以对模型内部进行剖切显示。

形体的三维模型不仅具有直观、逼真、符合人们空间思维习惯的优点，更重要的是它在现代工程设计过程中占有核心地位。工程设计是一个完整的过程。广义上讲，它包括市场调查、需求分析、概念设计、草图设计、详细设计、计算分析、生产及销售等环节。现代工程设计过程中,在计算机上建立的产品的三维模型可以直接应用于后续分析、生产和制造阶段。与其相关的各种工程数据可以在设计、生产的各个环节连续传递,设计结果以计算机文件的形式进入生产阶段,并控制加工制造的过程,从而实现设计、生产一体化。

1.2.2 空间形体的二维描述方法

如果要将空间的三维形体在平面上表达出来,那么就必须遵循投影规律进行转换。也就是说,把空间的三维形体按照一定的投影方法投影到二维平面上,在平面上可以得到该形体的二维图形。只有掌握了投影规律,才能正确地用二维表达方法来描述三维形体。

1. 投影方法

形体的二维图像是通过投影的方法得到的。

例如空间一点 A,按照给定的方式,过 A 点向平面 H 引直线 l;l 与 H 平面的交点 a 称为 A 点在 H 平面上的投影,H 称为投影面,l 称为投影线,如图 1-20 所示。

一般较为常用的投影方式有两种:

(1) 中心投影法

过空间所有点的投影线都通过空间一定点 S(称为投影中心),它们在投影面上的投影称为中心投影(见图 1-20)。

(2) 平行投影法

如果投影中心沿某个方向移到无穷远,则所有投影线皆互相平行。用这种方式得到的投影称为平行投影。当投影方向 S 与投影面垂直时称为正投影,如图 1-21(a)所示;否则称为斜投影,如图 1-21(b)所示。

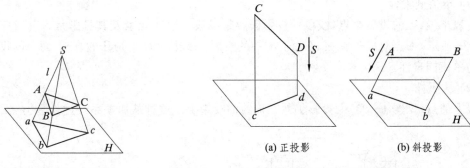

图 1-20 中心投影   图 1-21 平行投影

中心投影符合人的视觉,多用于美术绘画和建筑制图;而平行投影,相对来说作图较为简单,尤其是正投影便于度量,故普遍应用于机械行业设计制图。画法几何就是以正投影为基础的。

下面着重介绍正投影法。

正投影法是一种双面或多面的正投影综合图。将空间的点 A 分别垂直投影到相互垂直的两个投影面 V 和 H 上得 a' 和 a;用这两个投影分别说明 A 点到 H 面的高度和距离 V 平面的远近。对于立体,其 V 投影表现出它正面形状和大小,H 投影表达出它顶面的形象和大小,如图 1-22 所示。

为了在一张图纸上展现两个不同平面上的投影,规定以 V 面和 H 面的交线 X 为轴将 H

向下旋转 90°与 V 面重合，得到了图 1-23 所示的两面投影，也称为综合图。

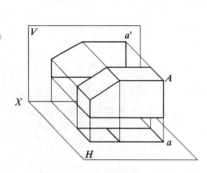

图 1-22 两面投影图

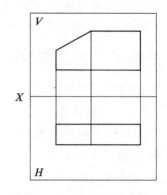

图 1-23 正投影综合图

将摇臂（图 1-17）的三维形体按照正投影方法投影到二维平面上，就得到工程上常用的三视图，如图 1-24 所示。

2. 平行投影的几何性质

不论是斜投影还是正投影，一般位置的平面图形经过平行投影，其形状和大小都要发生变化。简而言之，长度和角度的投影都是变量；由于它们相对于投影面的位置不同，因此它们的投影也不同。为了从投影来研究其空间原形的几何性质，需要掌握有哪些几何性质在平行投影下是不变的。

下面将介绍平行投影的几何不变性以及几何元素在特殊位置时的投影特性。

(1) 单值同素性

一般来说，点的投影是点，线段的投影仍然是线段。空间元素及其投影是一一对应的，如图 1-25 所示，A 点对应于它在 H 面上唯一的投影 a；线段 BC 对应于它在 H 面上的投影 bc。故称为单值同素性。

(2) 从属性

线上的点（见图 1-25）的投影仍然在该线的投影上。这种从属关系经过投影仍然不变。

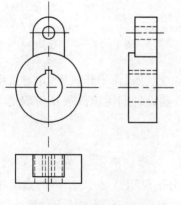

图 1-24 摇臂的三视图

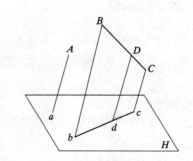

图 1-25 平行投影

(3) 平行性

由立体几何可知,两平行平面被第三平面所截,其交线平行,故平行二直线的投影必然平行。空间线段 $BD//CE$,其投影 $bd//ce$,如图 1-26 所示。

(4) 定比性

直线上两线段长度之比等于其投影长度之比(见图 1-25),即 $BD/DC=bd/dc$。

两平行线段长度之比等于其投影长度之比(见图 1-26),即 $BD/CE=bd/ce$。

(5) 亲似性

图 1-27 中所给 L 形平面的投影仍然是 L 形;按平行性和定比性变化,其平行边的投影保持平行和定比。但是,由于两组平行边的方向不同,比值也不相同。平面图形的这种性质称为亲似性。亲似不同于相似,最突出的区别就是:相似图形具有保角性,而亲似图形则不然(如 $\angle A=90°, \angle a$ 则为一锐角)。与其类似,三角形的投影仍然是三角形,二次曲线的投影必为同类型的二次曲线。

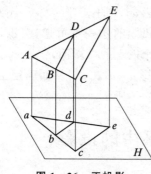

图 1-26 正投影

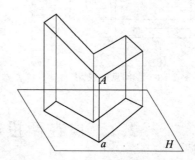

图 1-27 亲似性

(6) 积聚性

在平行投影中,当直线平行于投影方向时,则其投影蜕变为一点,平面图形则蜕变为一直线。这种蜕变称为投影的积聚性。在正投影中,当直线或平面垂直于投影面时,其投影会积聚成一点或直线,如图 1-28 所示。

(7) 存真性

一条线段或者一个平面图形的斜投影,可能变长或变大,也可能变短或变小。但是,在正投影时,线段的投影只能小于或等于其实长;平面图形的投影只能小于或等于其原形。

可是,当线段或平面图形平行于投影面时,不论斜投影还是正投影,线段的投影长等于实长,平面图形的投影是平面图形的全等形,如图 1-29 所示。这种性质称为存真性。

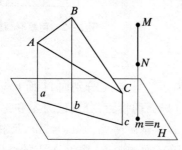

图 1-28 积聚性

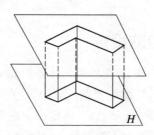

图 1-29 存真性

第 2 章　几何元素的投影

物质世界的各种物体,用几何观点分析,都可以看作是由基本几何元素——点、线(直线和曲线)、面(平面和曲面)依据一定的结构要求共同组合而成的。图 2-1 所示的立体可分解为 7 个面、15 条棱边和 10 个顶点。只有先研究出基本几何元素——点的图示方法和规律,才能掌握由其定义的线、面和体的图示方法。下面以 AB 边上的 A 点为例进行研究。

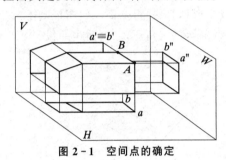

图 2-1　空间点的确定

前面已经介绍过,空间形体上的 A 点可以按照一定的投影方式(中心投影或平行投影),唯一地确定它在 V 投影面上的投影 a';反之,只由 A 点的一个投影 a',却不能唯一确定 A 点的空间位置。为克服投影的这一不可逆性,正投影法是采用两个或两个以上的投影面,作出 A 点在不同投影面上的投影 a'、a 和 a'',从而确定空间点 A 的位置,如图 2-1 所示。

2.1　点在两投影面体系中的投影

2.1.1　两投影面体系

在空间取两个互相垂直的平面,一个处于正立位置,称为正立投影面,标以符号 V,简称 V 面;另一个为水平位置,称为水平投影面,符号为 H,简称 H 面。两投影面的交线,称为投影轴,记以符号 X。由 V 和 H 投影面组成的投影面体系,如图 2-2 所示。

V 和 H 两个投影面,把空间分成为四部分,每部分称为分角或象角。其划分顺序如图 2-2 所示,分别记为 1,2,3,4。空间的点(或物体),可以放置在任意分角内进行投影。工程技术界绘制的图纸,通常是把物体放在第 1 或第 3 分角进行投影,即 1 分角画法或 3 分角画法。我国采用的是第 1 分角画法;西方国家(如英、美)则采用第 3 分角画法。

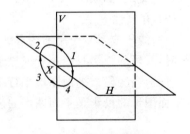

图 2-2　两投影面体系

2.1.2　点的投影

设空间一点 A 在投影面体系内,如图 2-3(a)所示。自点 A 分别向 H 面和 V 面作垂线,它们与 H 面、V 面的交点(垂足),即点 A 在 H 面和 V 面的投影,分别记为 a 和 a'。

两条垂线 Aa 和 Aa',决定一个矩形平面 Aaa_Xa'。显而易见:$a'a_X=Aa$,反映 A 点到 H 面的距离,称为 A 点的立标;$aa_X=Aa'$,反映 A 点到 V 面的距离,称为 A 点的远标。

为把三维空间的 A 点,表现为二维平面上的图像,规定 V 面不动,将 H 面以 X 轴为旋转轴,其前半部向下转 90°,使其与 V 面重合。于是,A 点的两个投影 a 和 a′ 就表现在垂直 X 轴的一条直线上。线段 $a'a_X$ 表示 A 点的立标;线段 aa_X 表示 A 点的远标,如图 2-3(b)所示。又因投影面 V 和 H 的框线可以略去,于是 A 点的两个投影可以画成图 2-3(c)所示的形式,即为 A 点的两面投影图。

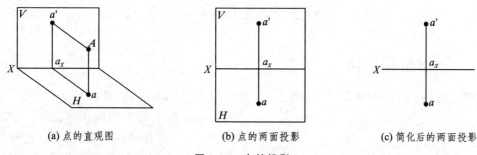

(a) 点的直观图　　　(b) 点的两面投影　　　(c) 简化后的两面投影

图 2-3　点的投影

因为矩形平面 Aaa_Xa' 既垂直于 H 面,又垂直于 V 面,因而也就垂直于两投影面的交线 X 轴。当 H 面绕 X 轴向下旋转 90°后,则 $a'a_X$ 与 a_Xa 两直线之间的交角即由 90°变成 180°。所以,a′ 与 a 两投影之连线即为垂直 X 轴的一条直线。

综上分析,点的投影规律如下:

① A 点的两投影 a′ 与 a 的连线垂直投影轴 X;

② $a'a_X = Aa$,反映 A 点的立标;$aa_X = Aa'$,反映 A 点的远标。

根据点的投影规律,可以作出第 1 分角内任意点的两面投影图。在点的投影图上,虽然见不到空间的点了,但是,有了点的两个投影,把 H 面旋转回去,再自两投影分别作出 V 和 H 两个面的垂线。这两条垂线的交点就是空间点的所在位置。

由空间点画出它的投影图,再自投影图想像出空间点的位置。这一可逆过程就是画图和看图的基本训练。

为使符号标注的统一,规定:用大写字母 A,B,C,…表示空间点,用小写字母 a,b,c,…表示点的 H 面投影;a′,b′,c′,…表示点的 V 面投影。

2.1.3　投影面上的点

空间点如果位于某一个投影面上,也就是该点到某投影面的距离为零。若点在 H 面上,则其立标为零;若点在 V 面上,则其远标为零。于是,在点的投影图中,必然有一个投影落在 X 轴上,另一个投影则与该点自身重合,如图 2-4 所示。由此可得结论为:在点的两面投影图

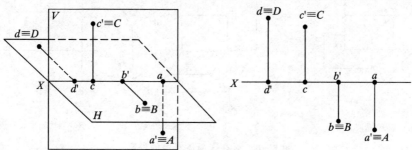

图 2-4　点在两投影面体系中的投影

中,若有一个投影落在投影轴上,则该点一定在某一个投影面上。例如点 A,其 H 投影 a 在 X 轴上,则该点远标为零,故知 A 点在 V 面上,它的 V 投影 a' 与 A 点自身重合。又因 a' 在 X 轴下方,故知 A 点在 H 面下半部。

2.2 点在三投影面体系中的投影

2.2.1 三投影面体系

根据点或物体在两面体系中的两个投影,已能确定它们的空间位置。但由于定形的需要,有时还必须再增加一个侧立的投影面,作出第三个投影。这个新增的侧立面,记以符号 W,简称为 W 面。V,H,W 三个投影面两两互相垂直,组成三投影面体系,如图 2-5 所示。点或物体在三个面上的投影,组成三面投影图。它是工程制图的基础图样。

V,H,W 三个投影面两两相交于一条直线。该直线仍称为投影轴。V 与 H 之交线仍为 X 轴;H 与 W 之交线记为 Y 轴;V 与 W 之交线记为 Z 轴。三轴之交点记为 O,称为原点。

三个投影面把空间分成八部分,每部分仍称为分角或象角。其划分顺序如图 2-5 所示。

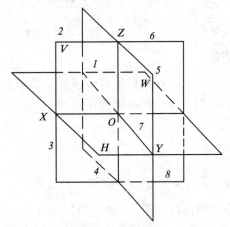

图 2-5 三个投影面把空间分成八部分

2.2.2 点在三面体系中的投影

如图 2-6(a)所示,A 点位于第 1 分角内。自 A 点分别向三投影面作垂线,三垂线与三平面的交点 a,a',a'',就是 A 点在 V,H,W 面上的投影(W 面上的投影,用小写字母加两撇表示)。

展开三个投影面。为此,仍规定 V 面不动,H 面绕 X 轴使其前半部向下旋转 $90°$,与 V 面重合,W 面绕 Z 轴使其前半部向右后方旋转 $90°$,亦与 V 面重合,如图 2-6(b)所示。当三投影面重合为同一平面后,就得到点的三面投影图。略去投影面的框线,即得如图 2-6(c)所示的形式。它是点的三面投影图的基本形式。

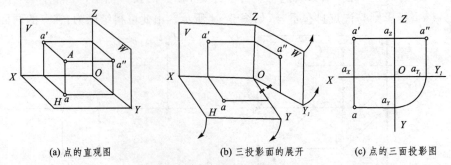

(a) 点的直观图　　　　(b) 三投影面的展开　　　　(c) 点的三面投影图

图 2-6 点在三面体系中的投影

点在三面体系中的投影规律如下：

① 每两投影之连线，垂直于相应的投影轴；

② 线段 $a'a_X = Aa = a''a_{Y_1}$，反映 A 点到 H 面的距离，这个距离称为 A 点的立标；

线段 $aa_X = Aa' = a''a_Z$，反映 A 点到 V 面的距离，这个距离称为 A 点的远标；

线段 $aa_Y = Aa'' = a'a_Z$，反映 A 点到 W 面的距离，这个距离称为 A 点的横标。

故用三面投影来表示空间某个点时可以写成 $A(a', a, a'')$。

2.2.3 点的投影与坐标的关系

把投影面看成坐标面、投影轴看成坐标轴，则点到三个面的距离，即是点的坐标。点的横标沿 X 轴量度，点的远标沿 Y 轴量度，点的立标沿 Z 轴量度。故用坐标表示空间 A 点时，可以写成 $A(x, y, z)$。三字母 x, y, z 的顺序不能混乱。

在点的三面投影图上，可以看出：点的每个投影都具有两个坐标。图 2-6(c)中的 A 点，其 H 投影 a 的坐标为 (x, y)，V 投影 a' 的坐标为 (x, z)，W 投影 a'' 的坐标为 (y, z)。因此，点的任两个投影均具备三个坐标，即是点的两个投影可以唯一确定点的空间位置的原因。

归结点的投影与坐标的关系可知：

① 由点的投影可确定点的坐标；反之，给出点的坐标，就可以确定点的投影。

② 坐标有正负值，应用坐标的正或负，可以准确地表示出空间点在不同的分角。坐标正负值的规定是：以原点 O 为基准，当采用右手坐标系时 x 坐标沿 X 轴向左为正，向右为负；y 坐标沿 Y 轴向前为正，向后为负；z 坐标沿 Z 轴向上为正，向下为负。

③ 由于点的任意两投影具备三个坐标，故给定任意两投影可求得第三个投影。

2.2.4 点的三面投影作图举例

例 2-1 已知点 M 和 N 的两个投影，求其第三个投影如图 2-7(a)所示。

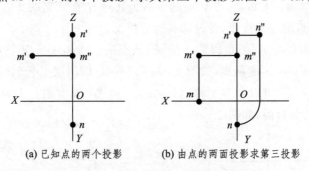

(a) 已知点的两个投影　　(b) 由点的两面投影求第三投影

图 2-7　由点的两面投影求作第三个投影

解 从两面投影分析：m'' 在 Z 轴上，故其 y 坐标为零，说明 M 点在 V 面上，所以其水平投影 m 应在 X 轴上。又因 n' 在 Z 轴上，说明其横标为零，则它在 W 平面上，故可根据 n' 和 n 求出其 n''。

例 2-2 已知点 $A(40, 30, 40)$ 和点 $B(0, 0, 30)$，求其三面投影。

解 先将各点的坐标画在投影轴上，然后过这些点画出两面投影，如图 2-8(a)所示，再由二求三，最后完成点的三面投影。

例 2-3 已知点 D 的 y 坐标为 30，并知点 D 距三个投影面等距，完成其三面投影。又知点 E 在点 D 左方为 20，上方为 5，前方为 10，完成 E 点的投影。

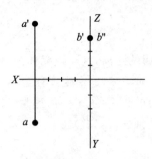
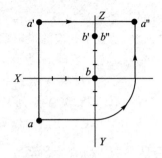

(a) 在投影轴上画出坐标点　　　　(b) 求点的投影作图

图 2-8　点的三面投影

解　点 D 的 y 坐标即它距 V 面的距离，又知点 D 与三个投影面等距，故点的另两坐标也均为 30，因此可以立即画出点 D 的三面投影，如图 2-9(a)所示。以点 D 为基准不难再画出点 E 的三面投影，如图 2-9(b)所示。

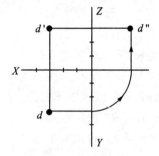
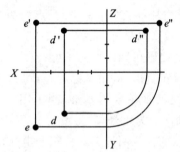

(a) 由点 D 坐标画其三面投影　　　　(b) 以点 D 为准画出点 E 的三面投影

图 2-9　点的三面投影

例 2-4　已知空间一点 G，它与 V 面的距离为其对 H 面距离的 2 倍，它与 W 面距离不予限制，画出这样一个点的三面投影，并讨论其解的情况。

解　与 V 面距离是与 H 面距离的 2 倍，即该点的 x 坐标是 z 坐标的 2 倍，而 x 坐标任意，在 W 投影上画一 $y=2z$ 的斜线，如图 2-10(a)所示，即斜线上任何一个点 g'' 都满足条件 $y=2z$，且 g' 和 g 也不定，可以有多个解，如 $g_1'g_1g_2'g_2$ 等，故本题有无穷多解，其轨迹为第一分角的一个过原点的分角面，如图 2-10(b)所示。

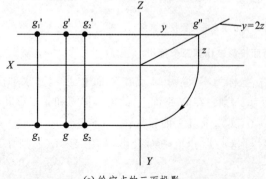
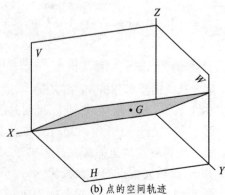

(a) 给定点的三面投影　　　　(b) 点的空间轨迹

图 2-10　点的三面投影

2.3 直线的投影

空间一点按给定的方向运动,其轨迹就是一条直线。因而,直线可由一点及一方向确定,或由直线上任意两个点确定。

图 2-11 所示三棱锥的任意两个顶点均可确定一条直线。下面以由 A、B 两点确定的直线为例来研究直线 AB 的投影。

根据平行投影的特性,可知:

① 直线的投影仍为直线。在特殊情况下,当直线与投影方向平行时,其投影则积聚为一点,如图 2-12 所示。

② 直线的投影,可由线上任意两点的同名投影相连而得,如图 2-13 所示。

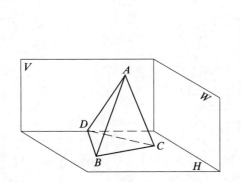

图 2-11 两点确定直线

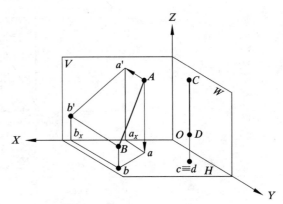

图 2-12 直线的投影图

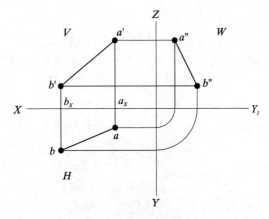

图 2-13 直线的投影作图

2.4 直线与投影面的相对位置

直线与投影面的相对位置,有一般位置和特殊位置两种。

2.4.1 一般位置的直线

空间直线与任何一个投影面既不平行也不垂直，即为一般位置直线。它与三个投影面都倾斜，各形成一定的倾角。

1. 倾角的定义

空间直线与其在某个投影面上的投影间的夹角，定义为直线与该投影面的倾角。如图 2-14 所示，直线 AB 与 H 面的倾角，以 AB 直线与其在 H 面上的投影 ab 之夹角来表示，符号记为 θ_H；AB 与 V 面之倾角，以 AB 与 $a'b'$ 之夹角表示，符号记为 θ_V；AB 与 W 面之倾角，以 AB 与 $a''b''$ 之夹角 θ_W 表示。

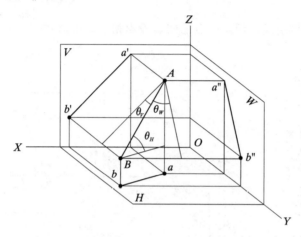

图 2-14 倾角的定义

2. 一般位置直线的投影特点

一般位置直线投影的特点如下：

① 线段的投影长总是小于它的实长。由图 2-14 可知：$ab = AB\cos\theta_H$，$a'b' = AB\cos\theta_V$，$a''b'' = AB\cos\theta_W$；而 θ_H，θ_V，θ_W 都不等于零，它们的余弦小于 1。因此，各投影长小于实长 AB。

② 倾角的投影(简称投影角)，总是大于倾角自身。

③ 直线 AB 与投影轴 Z 的夹角为 θ_Z，与 Y 轴之夹角为 θ_Y，与 X 轴之夹角为 θ_X，从图 2-15 中可见，θ_H 与 θ_Z 互为余角；同理，θ_V 与 θ_Y 互为余角，θ_W 与 θ_X 互为余角。

④ 一般位置直线的三个投影均处一般位置，即均不与任何投影轴平行或垂直，如图 2-13 所示。

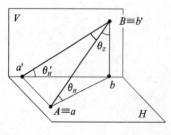

图 2-15 求证 $\theta'_H > \theta_H$

如图 2-15 所示，设 AB 直线与 H 面成倾角 θ_H，它的 V 投影为 θ'_H，证明 $\theta'_H > \theta_H$。

证明 在直角三角形 ABb 与 $a'b'b$ 中，由于 $ab > a'b'$，而 $Bb = b'b$，故知 $\theta'_H > \theta_H$。

2.4.2 特殊位置的直线

空间直线与投影面之一平行或垂直时，即为特殊位置直线。

1. 平行于投影面的直线

平行于一个投影面,且与其他投影面成倾斜位置的直线,称为投影面平行线,简称"面"//线。

平行于 H 面的称水平线;平行于 V 面的称正平线;平行于 W 面的称侧平线。

"面"//线的投影特点如下:

① 在直线所平行的投影面上,直线段的投影反映实长及其与其他两投影面之倾角,即有存真性;

② 直线的其他两投影,分别平行于相应的投影轴。

如图 2-16 所示,以水平线 AB 为例,可以看出:

① AB 直线的 H 投影 ab 反映实长,且反映 AB 线与 V 面和 W 面之倾角 θ_V 及 θ_W,均为实际大小,即 H 投影有存真性;

② AB 线的其他两投影 $a'b'$ 及 $a''b''$,分别平行于 X 轴及 Y_1 轴,如图 2-16(b)所示。

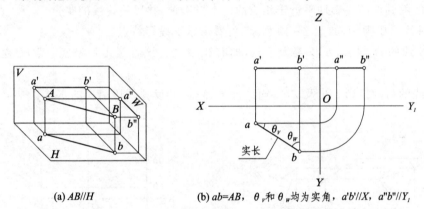

(a) $AB//H$ (b) $ab=AB$,θ_V 和 θ_W 均为实角,$a'b'//X$,$a''b''//Y_1$

图 2-16 "面"//线的投影特点

同理可知:正平线 BC(图 2-17)、侧平线 AC(图 2-18)亦具有同样的投影特点。

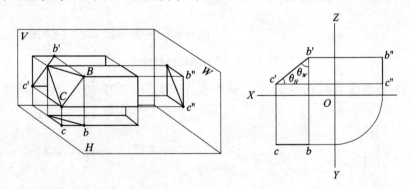

图 2-17 正平线 $BC//V$ 面

2. 垂直于投影面的直线

垂直于一个投影面的直线,称为投影面垂直线,简称"面"垂线或投射线。当然,垂直于一个投影面的直线必平行于另两个投影面。垂直于 H 面的称铅垂线;垂直于 V 面的称正垂线;垂直于 W 面的称侧垂线。

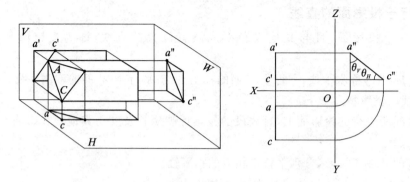

图 2-18 侧平线 AC//W 面

投射线的投影特点如下：
① 在直线所垂直的投影面上，其投影积聚为一点，即有积聚性；
② 直线的其他两投影均平行于相应的一个投影轴，并反映线段的实长。

以铅垂线 AB 为例，如图 2-19 所示，可看出以下投影特点：
① AB 线的 H 投影 ab 积聚为一点，即有积聚性。该直线上所有点，其 H 投影都与 ab 重合。
② 直线的另两投影 $a'b'$ 及 $a''b''$，均平行于 Z 轴，并反映线段 AB 的实长。

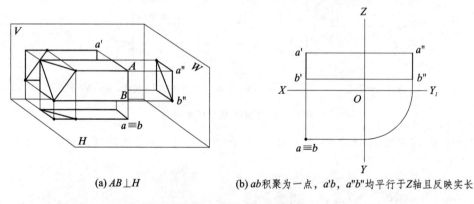

(a) $AB \perp H$　　　　(b) ab 积聚为一点，$a'b'$、$a''b''$ 均平行于 Z 轴且反映实长

图 2-19 铅垂线的投影特点

同理可知，正垂线 AB（见图 2-20）、侧垂线 AC（见图 2-21）亦具有同样的投影特点。

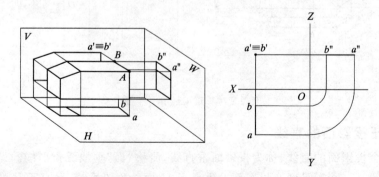

图 2-20 正垂线的投影

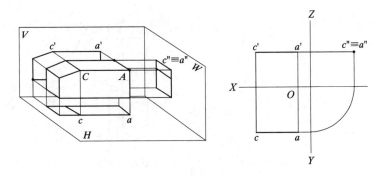

图 2-21 侧垂线的投影

3. 投影面上的直线

投影面上的直线是投影面平行线的特殊情形。这种直线具有投影面平行线的一切特点。因它又在投影面上,所以还具有其自身的特性,这就是:

① 直线的一个投影与该直线自身重合。

② 直线的其他两投影分别落在相应的投影轴上。如图 2-22 所示,直线 AB 在 V 面上,其 V 投影 $a'b'$ 与 AB 自身重合;其他两投影 ab 及 $a''b''$ 分别落在 X 轴与 Z 轴上。

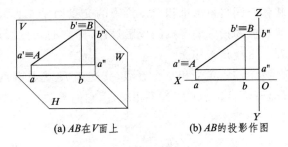

(a) AB 在 V 面上 (b) AB 的投影作图

图 2-22 投影面上的直线

2.5 二直线的相对位置

二直线的相对位置有平行、相交和交叉三种。

2.5.1 平行二直线

平行二直线有如下的投影特性。

1. 平行性

一般情况下,若二直线在空间互相平行,则它们的同名投影也互相平行;反之,若二直线的各个同名投影互相平行,则二直线在空间也互相平行,即平行性是投影不变性,如图 2-23(a) 所示。

若二直线均为侧平线时,这是个例外,因为只由 V、H 两投影互相平行,还不能确定该二直线空间是否平行,必须再看它们的侧投影是否也平行才能完全确定。如图 2-23(b) 所示,AB 与 CD 二直线的 V、H 投影平行,而侧投影不平行,则知 AB 与 CD 不是平行二直线。

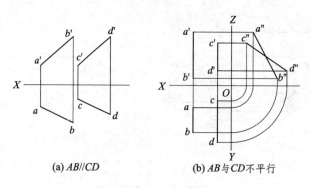

(a) AB//CD　　　　(b) AB与CD不平行

图2-23　平行判断

2. 定比性

二平行线段之比等于其投影之比,即 $AB:CD=ab:cd=a'b':c'd'=a''b'':c''d''$。定比性也是投影不变性。图2-23(b)中,若不利用 W 投影,只凭 V 和 H 投影即可判断 AB 与 CD 不平行,因为投影中明显可见 $a'b'/ab \neq c'd'/cd$。

2.5.2　相交二直线

空间二直线相交,其各个同名投影也相交。投影的交点即是二直线交点的投影。由于交点是两直线的共有点,故该点的投影满足点的投影规律,即它的两投影连线必垂直于投影轴。据此,可在投影图上识别二直线是否相交。

如图2-24(a)所示,AB 与 CD 为相交二直线,其交点 K 为共有点,即 K 点既属于 AB,也属于 CD。图2-24(b)所示 AB 与 CD 为不相交,因它们无共有点,即它们的投影交点不是一个点的投影。

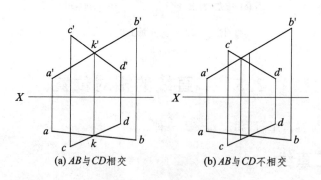

(a) AB与CD相交　　　　(b) AB与CD不相交

图2-24　相交判断

2.5.3　交叉二直线

二直线既不平行也不相交,就是交叉二直线。交叉二直线也称相错二直线或异面二直线,如图2-25所示。

在 V、H 两投影面体系中,交叉二直线的投影可能表现为:两投影分别平行且都与 X 轴垂直,如图2-23(b)所示;一个投影平行,另一投影相交,如图2-25(c)所示;两投影分别相交,但二交点的连线不垂直于 X 轴,如图2-25(b)所示。

第 2 章 几何元素的投影

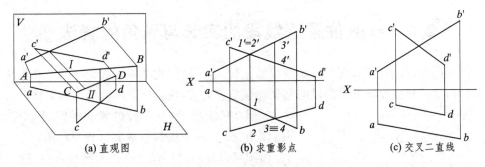

图 2-25 交叉二直线的空间关系

在交叉二直线的投影中,其投影的交点称为重影点,它是二直线上有相同坐标的两个点的投影。如图 2-25(b)所示,V 投影 $a'b'$ 与 $c'd'$ 的交点,是 AB 线上的点 I 与 CD 线上的点 II 的重影点,即 $1'=2'$,该两点有相同的立标和横标;同理,ab 与 cd 的交点,是二直线上有相同远标和横标的两个点的投影,即 $3\equiv4$。

当有重影点出现时,必有一个点遮住另一个点,从而产生可见点与不可见点的问题,即可见性问题。判断重影点可见性的方法是:当两点在某一个投影面上重影(如图 2-25(b)中的 $1'$ 和 $2'$ 点)时,就观察其另一投影。在该投影中坐标较大的点(图中 H 投影的 2 点)为可见点(II 点的 V 投影 $2'$ 为可见点);坐标较小的点(H 投影中的 1 点)为不可见点(I 点的投影 $1'$ 不可见,用小括号括起来)。

更重要的是,利用重影点判断,可以判断两交叉直线的空间关系,此例中由于 II 点在前,I 点在后,故直线 CD 在 AB 之前。同理亦可判断 AB 在上,CD 在下。

2.5.4 应用举例

例 2-5 已知 AB 与 CD 二直线的 V、H 投影如图 2-26(a)所示,试判断二直线的相对位置为相交或交叉。

解 因直线 AB 为侧平线,画出二直线的侧投影即可判断其为交叉或相交。若不用侧投影,则可根据"二直线若相交,其交点的投影应满足定比性"来判断。本题采用此法,如图 2-26(b)所示。由作图结果看:交点满足定比性,故二直线处于相交位置。

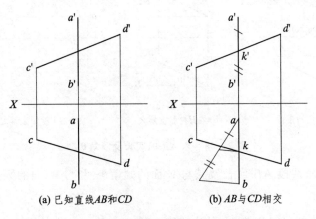

(a) 已知直线 AB 和 CD   (b) AB 与 CD 相交

图 2-26 判断二直线的相对位置

2.6 一般位置直线段的实长与倾角的解法

一般位置直线段的投影,既不反映线段的实长,也不反映它与投影面的倾角。在解决空间几何问题时,常需根据投影求出线段的实长与倾角。为此,应分析研究此问题的解法。

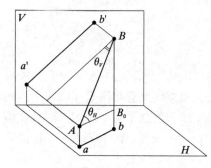

图 2-27 一般位置直线段及投影

如图 2-27 所示,有一般位置直线段 AB,它与 H 面的倾角为 θ_H,今欲由投影求其实长与倾角。

由图可以看出:当 AB 线向 H 面投影时,过 AB 线的投影射线组成一个投射平面 $ABba$,此平面与 H 面垂直。在平面 $ABba$ 上,过点 A 作 AB_0∥ab。△ABB_0 为一直角三角形;斜边 AB 为线段自身;AB 与 AB_0 之夹角即为该直线与 H 面的倾角 θ_H。可见,要求 AB 线段的实长与倾角 θ_H,关键在于作出直角△ABB_0 的实形。

由直角△ABB_0 可以看出:该三角形的直角边 AB_0 平行且等于 ab;另一条直角边 BB_0,则为 A、B 两点的立标之差,即 $BB_0 = z_b - z_a = \Delta z$。这些线段的长短都可在已知投影图上得到。因而,直角△ABB_0 的实形可以作出,问题也就因之得解。这个方法称为直角三角形法。

1. 投影作图

如图 2-28(a)所示,设线段 AB 的两投影已知,求 AB 的实长及倾角 θ_H。

作图步骤如图 2-28(b)所示:

① 过 a' 作直线 $a'b_0'$∥X 轴,得 $b'b_0' = z_b - z_a = \Delta z$;

② 自 H 投影的点 b 作 $B_1 b \perp ab$,取 $B_1 b = b'b_0'$;

③ 连接 $B_1 a$ 得直角△$B_1 ab$,斜边 aB_1 为 AB 线段之实长,aB_1 与 ab 之夹角即为倾角 θ_H。

也可以利用 V 投影上的立标差 $b'b_0'$ 为一直角边,再以 H 投影 ab 之长为另一直角边组成直角 $A_1 b' b_0'$,同样可以求得 AB 之实长及倾角 θ_H,作法如图 2-28(c)所示。

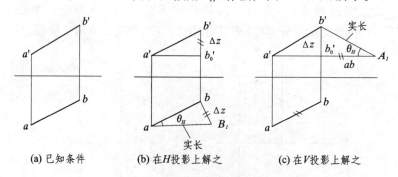

(a) 已知条件　　(b) 在H投影上解之　　(c) 在V投影上解之

图 2-28 求 AB 的实长及倾角 θ_H

同理可以推得,求线段 AB 实长及其与 V 面的倾角 θ_V 和与 W 面的倾角 θ_W 的作图法。

2. 应用举例

例 2-6 已知直线段 AB 与 H 面的倾角 $\theta_H = 30°$,其他条件如图 2-29(a)所示,试完成 AB 线的 V 投影。

解 作图步骤如图 2-29(b)所示：
① 以 ab 为直角边作直角 $\triangle abB_1$，并使 $\angle B_1ab=30°$；
② 另一直角边 B_1b 之长为 A、B 两点立标之差 Δz；
③ 自 a' 作 $a'b_0' \parallel X$ 轴，再自 b 点作 X 轴的垂线，两直线相交于 b_0'，在 bb_0' 线上取 $b'b_0'=B_1b$ 得点 b'，连 $a'b'$ 即为所求。

本题有两解。

例 2-7 已知直线段 AB 与 H 面的倾角为 θ_H，其他条件如图 2-30(a)所示，试完成 AB 线的 H 投影。

解 根据已知的 V 投影，可得 A、B 两点立标差 Δz，以 Δz 作一直角边，此边之对角为 $\theta_H=30°$，于是可得其余角 $\theta_Z=60°$。据此，在 V 投影上作出直角 $\triangle A_1b'b_0'$，则直角边 A_1b_0' 即为 AB 的 H 投影 ab 之长。再以 a 为圆心、A_1b_0' 为半径画圆弧，与 $b'b_0'$ 之延长线交于 b_1 和 b_2 两点，连接 ab_1 与 ab_2 之线段均为所求。

本题有两解，如图 2-30(b)所示。

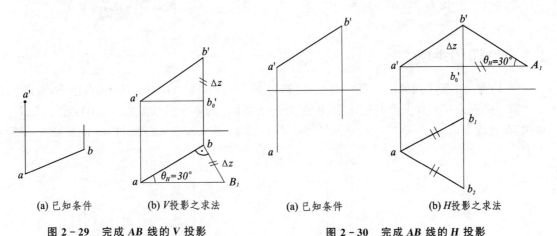

(a) 已知条件　　(b) V 投影之求法

图 2-29　完成 AB 线的 V 投影

(a) 已知条件　　(b) H 投影之求法

图 2-30　完成 AB 线的 H 投影

2.7　直线上的点

2.7.1　投影特性

直线上的点有以下投影特性。

1. 从属性

点在直线上，点的各投影必在直线的同名投影上，如图 2-31(a)所示。若点有一个投影不在直线的同名投影上，则表明空间点也不在空间直线上。如图 2-31(b)所示，E 和 F 两点不在 AB 直线上。

2. 定比性

直线上的点，把直线段分成一定的比例，则点的投影也把直线段的投影分成相同的比例。如图 2-31 所示，AB 线段上一点 C，将 AB 分成 $AC:CB=m:n$，则其 V、H 投影也分成相同的比例，即 $AC:CB=a'c':c'b'=ac:cb=m:n$。

若一点的两投影虽然在直线的同名投影上，但不成相同的比例，则表明点不在直线上。如图 2-32 所示，有 K 点及直线 AB，K 点的 V、H 投影虽然在 AB 线的同名投影上，但 $a'k':k'b'\neq ak:kb$，则表明 K 点不在直线 AB 上。

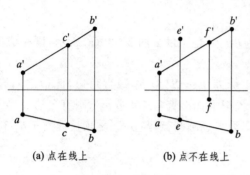

图 2-31 点在线上
(a) 点在线上
(b) 点不在线上

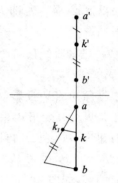

图 2-32 点不在线上

2.7.2 作图举例

例 2-8 在侧平线 AB 上有一点 K，已知 V 投影 k'，如图 2-33(a) 所示，求作 H 投影 k。

解 根据点在直线上具有定比性，即可由 k' 求得 k。具体作图见图 2-33(b)：过 a 任引一直线，在直线上取 $ab_1=a'b'$，$ak_1=a'k'$，连 b_1b，过 k_1 作 $k_1k//b_1b$，其与 ab 的交点 k 即为所求。

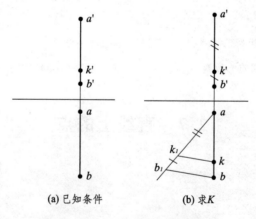

(a) 已知条件 (b) 求 K

图 2-33 作 K 点的 H 投影

2.8 直角投影定理

二直线在空间互相垂直，组成直角。它们可以是相交垂直；也可只是交叉垂直。现在研究此直角的投影。

2.8.1 定　理

二直线在空间互相垂直(交角为直角)。若其中有一条线是"面"//线,则在"面"//线所平行的投影面上,它们的投影仍然互相垂直,即交角仍为直角。

如图 2-34(a)所示,设有二直线 AB、CD 相交垂直,交角 $\angle ABC = 90°$,且有 $BC /\!/ H$ 面。求证:$\angle abc = 90°$。

证明　已知 $AB \perp BC$,$BC /\!/ H$ 面。

由于 $BC \perp Bb$,所以 $BC \perp ABba$ 平面,于是 $BC \perp ab$。

又因 $bc /\!/ BC$,所以 $bc \perp ab$,即 $\angle abc = 90°$。

应该注意,由于 $BC /\!/ H$ 面,故直角只能在 H 投影上才能反映,它的 V 投影就没有直角关系,如图 2-34(b)所示。

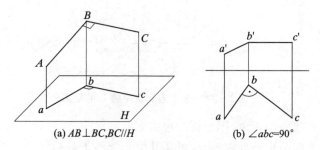

(a) $AB \perp BC$,$BC /\!/ H$　　(b) $\angle abc = 90°$

图 2-34　直角投影定理的证明

2.8.2 逆定理

在二直线的投影中,若有一个投影互相垂直(交角为直角),且其中有一条线为该投影面的平行线,则二直线在空间也互相垂直。

如图 2-35 所示,有二直线 DE 和 EF。它们的 V 投影互相垂直(交角 $\angle d'e'f' = 90°$),且 $DE /\!/ V$ 面,则 DE 和 EF 二直线在空间也互相垂直。图 2-35(a)是相交垂直;图 2-35(b)是交叉垂直。

此外,还应该会逆向思维。例如,已知一条一般位置直线,要求作一直线与其垂直,如图 2-36(a)所示。显然,从空间分析,这样的线有无数条。解题的思路应该是作一平面与该直线垂直,则该平面上任何直线都是解答。但是根据直角投影定理可以逆向思维,作两条平行线与其垂直,即一水平线 N 和另一正平线 M,如图 2-36(b)所示。

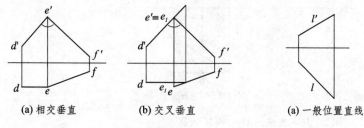

(a) 相交垂直　　　　(b) 交叉垂直

图 2-35　逆定理的证明

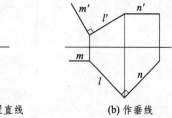

(a) 一般位置直线　　(b) 作垂线

图 2-36　作直线垂直于一般位置直线

2.8.3 应用举例

例 2-9 求 A 点到水平线 BC 的距离,如图 2-37 所示。

解 求距离问题实则是垂直问题。本题的实质为过 A 点作直线垂直于 BC,因 BC 为水平线,故自 A 点向 BC 线作垂线时,其垂直关系可在 H 投影上得到反映,自 a 向 bc 作垂线,得交点 k,再自 k 求得 V 投影 k'。连线得 A、K 两点距离的两投影,亦即 A 点到 BC 线距离的两投影。因两投影不反映距离的实长,还需再应用直角三角形法求出 AK 的实长,如图 2-37(b)所示。

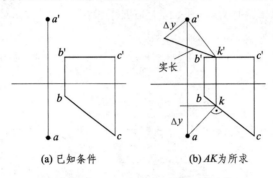

(a) 已知条件　　　(b) AK 为所求

图 2-37　求 A 点到正平线 L 的距离

如果求平行二直线间的距离,则分析过程如下:

因平行二直线之间距离处处相等,故可在其中一直线上任取一点,向另一直线作垂线,求出垂足。于是,该点与垂足间之距离即是二平行线之距离,即转化为求点到直线间的距离问题,解法原理与上例相同。

例 2-10 已知△ABC 的 V 投影及 C 点的 H 投影,又知三角形的底边 BC 为正平线,高 AD 的实长为 25 mm,如图 2-38 所示。试完成△ABC 的 H 投影。

解 因 BC 为正平线,故可求得 H 投影 bc;过 a' 作 $a'd' \perp b'c'$(因高线 $AD \perp BC$,而 $BC // V$ 面,故其 V 投影 $a'd' \perp b'c'$);由高线 AD 的实长 25 mm 及 V 投影 $a'd'$,求出 A、D 两点远标差 Δy;由 Δy 求出 A 点的 H 投影 a;连接各点得△abc,即为所求,如图 2-38(b)所示。

本题有两解。

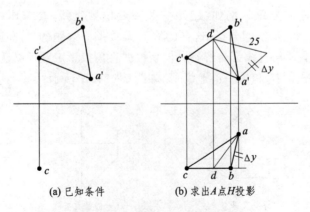

(a) 已知条件　　　(b) 求出 A 点 H 投影

图 2-38　完成△ABC 的 H 投影

2.9 平 面

立体是由表面包围而成的,所以平面可以看成是平面立体上的一个表面,学会平面的投影,对学习平面立体将会有很大帮助。作为平面立体上的某一个表面它常是封闭图形。这种图形比较具体,易于想像;而抽象的平面是客观存在的,它不具体,没有具体边界,难于想像。如地球赤道平面,以及与它成 65°的平面;又如某机器内部的构件,其运动是很复杂的,但其中也许有某个构件,它总是在某个特定平面内运动,分析并想像出这个平面,而且能用投影图将它表示出来,最后还能从投影图上求出该平面与投影面的倾角等。这就是本课程要培养学生具有的能力,即几何抽象能力、空间想像力和投影作图能力。

2.9.1 平面的确定及其投影作图

1. 几何元素表示法

所谓确定,即位置的确定,也就是在空间确定了一个平面,以便区别于另外的平面。从几何上讲,空间不在同一直线上的任意三个点即可确定一个平面,如图 2-39(a)所示。当然,由这个基本条件可以推引出各种形式的几何确定,如图 2-39(b)~(e)所示。

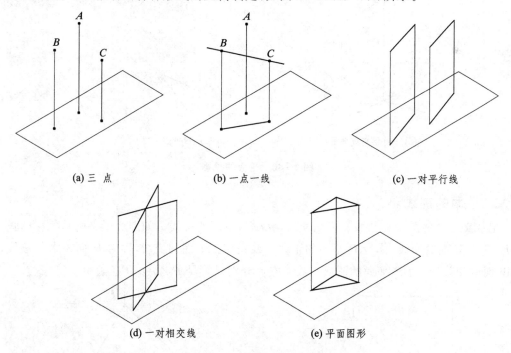

(a) 三 点　　　　(b) 一点一线　　　　(c) 一对平行线

(d) 一对相交线　　　　(e) 平面图形

图 2-39　平面的几何确定

图 2-40 是几个不同平面的投影图。它们与三个投影面既不平行也不垂直,属于一般位置的平面,要承认它们都表示了一个平面,这很容易;但要从投影图想像出平面的空间位置就比较难。但这很重要,要求学生一定要学会从投影图想像出空间形象。要说明一个平面的空间位置可以用左倾或右倾(所谓左倾即向左倾斜,右高左低)、前倾或后倾(前倾即后高前低)来描述。

要从投影图上想像出平面的空间位置,就要从分析平面各几何元素的空间相对位置开始。

如图 2-40(a)所示,其投影分析可以从 B 点开始即 B 点最高,A、C 均在 B 点前面,故可确定平面是前倾的;又知 A、B 均高于 C,所以平面是右倾的。同理,图 2-40(b)中的直线 BC 在最高点 A 之后,所以平面是后倾的;且 AC 高于 B,故平面又是左倾的。在图 2-40(c)中,直线 L 高于 M,且 M 在前,L 在后,故平面为前倾的;又因直线均为右高左低,故平面为左倾的。其余两图读者可自己想像。

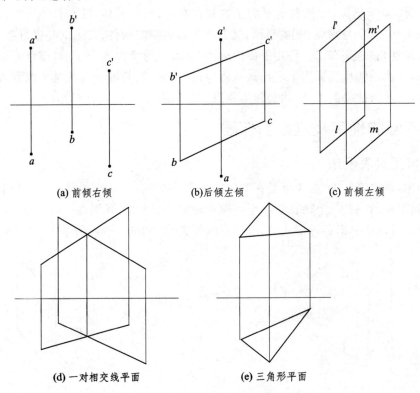

图 2-40 平面的投影

2. 平面的迹线

定　义　空间的平面与投影面的交线,就称为平面的迹线。如图 2-41 所示,设空间平面为 P,它与 V 面的交线,称为 P 平面的正面迹线;它与 H 面的交线,称为 P 面的水平迹线;它与 W 面的交线,称为 P 平面的侧面迹线。它们分别以符号 P_V,P_H,P_W 表示。

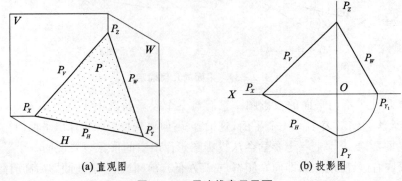

图 2-41 用迹线表示平面

用平面迹线来表示平面,优点是作图简便,并具有一定的直观性。显然,从图 2-41(b)中不难想像出 P 面为前倾且左倾平面。

2.9.2　平面与投影面的相对位置

平面与投影面的相对位置有一般位置和特殊位置两种。

1. 特殊位置的平面

平面与投影面处于平行或垂直的位置时,即为特殊位置的平面,简称特殊平面。

(1) 垂直于一个投影面的平面

垂直于一个投影面而与另两投影面成倾斜位置的平面,称为投射面。垂直于 V 面的平面称为正垂面;垂直于 H 面的称为铅垂面;垂直于 W 面的成为侧垂面。

投射面的投影特点如下:

① 在平面所垂直的投影面上,平面的投影积聚为一条直线,且与该平面的同名迹线相重合。此投影面与投影轴之交角,反映出平面与其余两投影面所组成的二面角的平面角。

② 平面的其余两投影,其表现形式有:当平面以迹线表示时,二迹线分别垂直于相应的投影轴;当平面以几何图形(例如三角形)表示时,则两投影互为亲似图形。

今以铅垂面 R 为例,如图 2-42(a)所示,可以看出其投影即具有上述投影特点;图 2-42(b) 为迹线表示的形式;图 2-42(c)为三角形表示的形式。

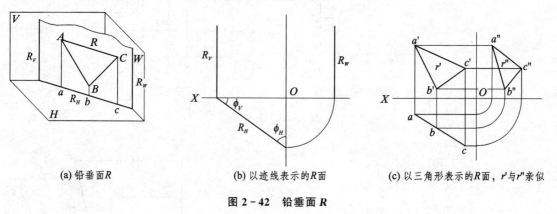

(a) 铅垂面 R　　(b) 以迹线表示的 R 面　　(c) 以三角形表示的 R 面, r' 与 r'' 亲似

图 2-42　铅垂面 R

同理可知:正垂面(见图 2-43)、侧垂面(见图 2-44)的投影,也同样具有上述特点。

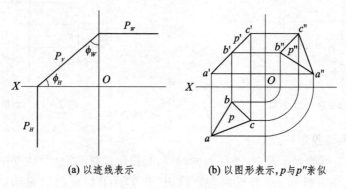

(a) 以迹线表示　　(b) 以图形表示, p 与 p'' 亲似

图 2-43　正垂面 P

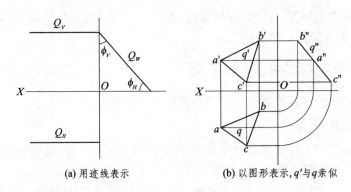

(a) 用迹线表示　　　　(b) 以图形表示，q'与q亲似

图 2-44　侧垂面 Q

(2) 平行于投影面的平面

在三投影面体系中，平行于一个投影面的平面，称为投影面平行面。投影面平行面必然垂直于其他二投影面，故可称双投射面。平行于 V 面的平面称为正平面，如图 2-45 所示；平行于 H 面的称水平面，如图 2-46 所示；平行于 W 面的称侧平面，如图 2-47 所示。

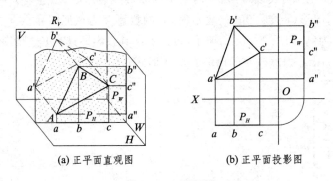

(a) 正平面直观图　　　　(b) 正平面投影图

图 2-45　正平面

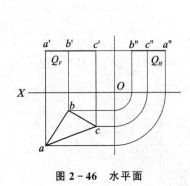

图 2-46　水平面

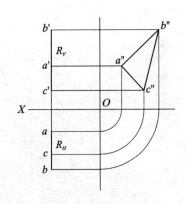

图 2-47　侧平面

投影面平行面的投影特点如下：

① 在平面所平行的投影面上，平面上的图形，其投影反映真形，即具有存真性。

② 平面的其他两投影，分别积聚为直线段，并平行于相应的投影轴（详见图 2-45 至图 2-47 各投影图）。

2. 一般位置平面

空间平面与任意一个投影面既不平行也不垂直，即为一般位置平面，简称一般面。其投影表现如下：

① 没有一个投影具有存真性和积聚性。

② 平面如以迹线表示时，三条迹线与投影轴倾斜相交，如图2-41所示；若平面为平面图形，则三个投影互为亲似形，如图2-48所示。

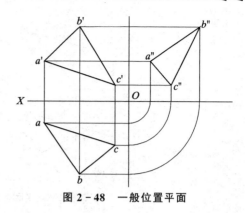

图 2-48　一般位置平面

2.9.3　平面上的点和直线

1. 点和直线在平面上的几何条件

点在平面上，必须在平面的一条已知直线上，如图2-49所示。

直线在平面上，必须过平面上两已知点，或过平面内一已知点且平行于面上另一已知直线，如图2-50所示。

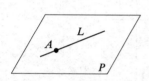

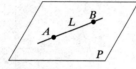

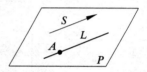

图 2-49　点在面上的几何条件　　　　图 2-50　线在面上的几何条件

2. 基本作图问题

(1) 在平面上取直线

由几何条件可知：要在平面上取直线，必须先在平面上取两已知点，再由此两点决定此直线，如图2-51所示；或取一已知点，过此点作直线平行于面上另一已知直线，由一点一方向决定此直线，如图2-52所示。

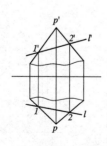

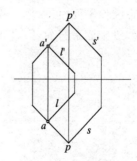

图 2-51　两点 I、II 定直线 L　　　　图 2-52　一点 A 和一方向 S 定直线 L

若直线在平面上，则可由直线的已知投影求得直线的未知投影，如图2-53所示。

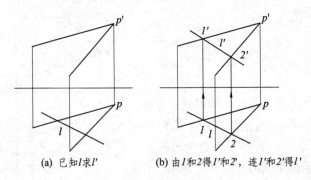

(a) 已知 l 求 l'　　(b) 由 l 和 2 得 l' 和 2'，连 l' 和 2' 得 l'

图 2-53　面上取线的投影作图(一)

(2) 在平面上取点

在平面上取点，按几何条件应先在平面上取线。直线确定后，该直线上所有点皆在平面上，则可由点的已知投影，求得点的未知投影，如图 2-54 所示。

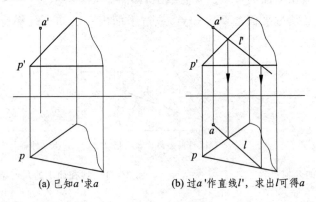

(a) 已知 a' 求 a　　(b) 过 a' 作直线 l'，求出 l 可得 a

图 2-54　面上取点的投影作图(二)

(3) 过点、直线作平面

过点、直线作平面，就是在平面上取点、取线的逆作图。

1) 过直线作平面

由于直线和平面都有一般和特殊的不同位置，因而过直线作平面，应先分析已知条件及作图可能性。

● 过一般直线作平面：可以作一般面(见图 2-55(a))、投射面(见图 2-55(b),(c),(d))，但不能作投影面平行面，因直线的方向已定。

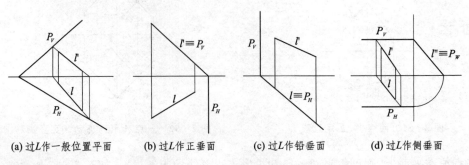

(a) 过 L 作一般位置平面　(b) 过 L 作正垂面　(c) 过 L 作铅垂面　(d) 过 L 作侧垂面

图 2-55　过一般位置直线作平面

- 过特殊直线作平面：

  过投影面平行线，可以作相应的投影面平行面（见图2-56(a)）、相应的投射面（见图2-56(b)）及一般位置的平面（见图2-56(c)）。

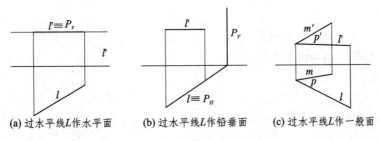

(a) 过水平线L作水平面　　(b) 过水平线L作铅垂面　　(c) 过水平线L作一般面

图 2-56　过平行线作平面

过投射线可以作相应的投射面（见图2-57(a)）、投影面平行面（见图2-58(b)）。

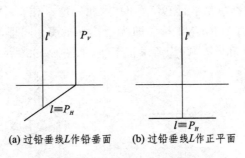

(a) 过铅垂线L作铅垂面　　(b) 过铅垂线L作正平面

图 2-57　过投射线作平面

2) 过点作平面

过一点可以作各种位置的平面，既可以作一般面，也可以作特殊面，视问题需要而定。如图2-58所示，过已知点 A 可作一般面（见图2-58(a)），也可作正垂面（见图2-58(b)）及水平面（见图2-58(c)），还可作出合乎其他要求的平面。

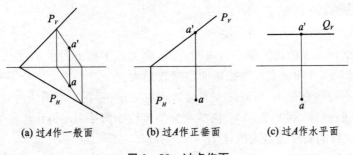

(a) 过A作一般面　　(b) 过A作正垂面　　(c) 过A作水平面

图 2-58　过点作面

2.9.4　平面上的特殊直线

平面上特殊位置直线有两种，即投影面平行线和最大斜度线。

1. 平面上的投影面平行线

(1) 定义
平面上与投影面平行的直线,称为主直线。这样的直线有三组:正平线、水平线和侧平线。

(2) 投影特点
① 满足直线在平面上的几何条件。
② 具有一般投影面平行线的特点。

(3) 主直线平面
过平面上一点 A,作一对相交的主直线:一条是水平线 M,另一条是正平线 N,如图 2-59 所示。用此一对相交的主直线来表示该平面,称为主直线平面。主直线平面作图简单,且易于想像其空间位置,因此常用。

例 2-11 已知 $\triangle ABC$ 给定一平面图,试过 A 点作属于该平面的水平线,过 C 点作属于该平面的正平线。

解 水平线的正面投影总是平行 OX 轴的,因此先过 a' 作 $a'e'$ 平行于 OX 轴,与 $b'c'$ 交于 e';在 bc 上标出 e,连接 ae;AE(ae 和 $a'e'$)即为所求水平线。同理,过 C 点作 CD 平行于 OX 轴,然后作出 $c'd'$,CD(cd 和 $c'd'$)即为所求正平线,如图 2-60 所示。

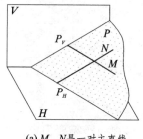
(a) M、N 是一对主直线

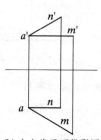
(b) 主直线平面投影图

图 2-59 用主直线表示平面

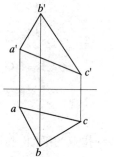
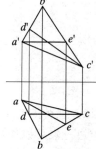

图 2-60 在已知平面上作面平行线

2. 最大斜度线

(1) 定义
平面上垂直于该平面的投影面平行线的直线,称为该平面的最大斜度线。这种直线表示了平面的最大倾斜度,亦即该直线与投影面之倾角最大。

由于投影面平行线有三组,所以最大斜度线也有三组:垂直于水平线的直线,称为对 H 投影面的最大斜度线;同理,对 V 面和 W 面的最大斜度线如图 2-61 所示。

(2) 最大斜度线的斜度为最大的证明
如图 2-62 所示,设 AB 直线为 P 平面上对 H 面的最大斜度线;AB_1 为 P 平面上另一倾斜直线。它们与 H 面的倾角分别为 θ_H 与 θ_1。

比较两角 $\angle ABa$ 和 $\angle AB_1a$,Aa 为公用边,由于 $B_1a > Ba$,故知 $\theta_H > \theta_1$,如图 2-62(b) 所示。

又因 $AB \perp P_H$,故 $aB \perp P_H$。由 a 点到 P_H 直线的距离只有垂线为最短,从而得知 θ_H 为最大。

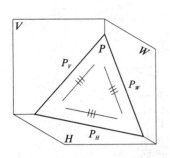 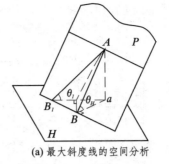 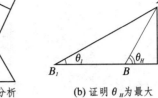

图 2-61 三组最大斜度线　　　(a) 最大斜度线的空间分析　　(b) 证明 θ_H 为最大

图 2-62 最大斜度线的证明

(3) 最大斜度线的投影特点

因最大斜度线垂直于投影面平行线,故知该直线的一个投影必垂直投影面平行线的同名投影。最大斜度线与其相应投影面的倾角,即为该平面与该投影面之倾角,称为平面的坡角。利用最大斜度线可求得平面的坡角。因此,利用最大斜度线就把求平面坡角问题,转化为求线的倾角问题,从而使问题得到简化。

(4) 应用举例

例 2-12　求 $\triangle ABC$ 与 V 面的坡角如图 2-63 所示。

解　作出 $\triangle ABC$ 上对 V 面的最大斜度线 BE,再求出 BE 线与 V 面的倾角 θ_V,即为所求的坡角。具体作图如下(见图 2-63(b)):

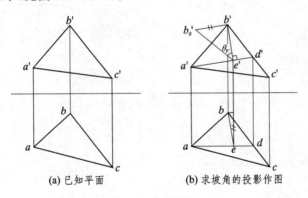

(a) 已知平面　　　　　　(b) 求坡角的投影作图

图 2-63 求平面的坡角

① 过 A 点作正平线 AD,画出其 V、H 投影;

② 过 B 点作对 V 面的最大斜度线 BE,其 V 投影 $b'e' \perp a'd'$,据此,再求得 BE 的 H 投影 be;

③ 用直角三角形法求出 BE 线与 V 面的倾角 θ_V,即为所求的坡角。

例 2-13　过直线 AB,如图 2-64(a)所示,求作一平面 P,使 P 平面与 H 面的坡角为 $30°$。

解　已知所求平面 $\theta_H = 30°$,所以只要过 AB 作一条对 H 面最大斜度线即可;又因 AB 为水平线,故此题解法为:在 AB 线上任取一点 C,作 $CD \perp AB$,则 CD 线为所求平面 P 对 H 面的最大斜度线,该直线与 H 面的坡角应为 $30°$。据此,应用直角三角形法可求得另一点 D。AB 与 CD 两相交线所决定的平面即为所求的平面 P。具体作法见图 2-64(b)。

若给定直线 AB 非水平线,应如何求解?

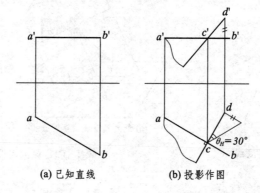

(a) 已知直线　　(b) 投影作图

图 2-64　过线作与 H 面成坡角的平面

第 3 章　几何元素的相对位置

几何元素的相对位置,是指直线与平面、平面与平面的相对位置。它们有平行、相交和垂直三种情形。

3.1　平行问题

3.1.1　直线与平面平行

1. 几何条件

空间一直线若与平面上一直线平行,则该直线与平面平行。如图 3-1 所示,直线 $AB \parallel CD$,而 CD 属于平面 P,则直线 $AB \parallel P$ 平面。

2. 作图举例

例 3-1　过已知点 K 求作一条水平线,使之与 $\triangle ABC$ 平行如图 3-2(a)所示。

解　过 K 点可作无数条水平线,但与 $\triangle ABC$ 平行的水平线只有一条。为此,应先在 $\triangle ABC$ 上作一水平线 AD,定出方向;再过点 K 作直线 $KE \parallel AD$,则 KE 即为所求的水平线,如图 3-2(b)所示。

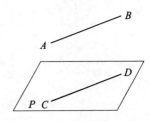

图 3-1　直线与平面平行的几何条件

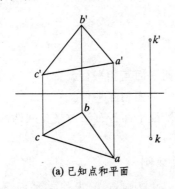

(a) 已知点和平面

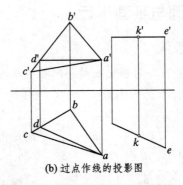

(b) 过点作线的投影图

图 3-2　过点作线(水平线)平行于已知平面

例 3-2　过已知点 A 求作一平面,使该平面平行于已知直线 L,如图 3-3 所示。

解　根据几何条件,过 A 点先作一直线 AB 平行于 L 线,则包含 AB 线所作的平面都与 L 线平行。过 A 点再任作一直线 AC,则 AB 与 AC 两相交线所确定的平面即为所求。

本题有无穷多解,图 3-3(b)为其一解。

例 3-3　判断直线 AB 是否平行于 $\triangle DEF$ 如图 3-4 (a)所示。

解　按几何条件在 $\triangle DEF$ 上寻找平行于 AB 的直线,如能找出 AB 的平行线,则 AB 线

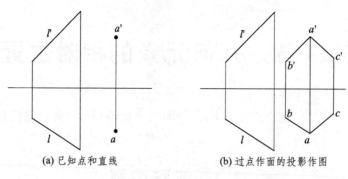

(a) 已知点和直线　　　(b) 过点作画面的投影作图

图 3-3　过点作平面平行于已知直线

即与△DEF 平行，否则为不平行。为此，过 d' 作 $d'k'//a'b'$，再在△DEF 上，由 $d'k'$ 求出 dk，然后再检查 dk 是否平行于 ab。此处 dk 不平行于 ab，故知 AB 线不平行于△DEF，如图 3-4(b) 所示。也可先作 $dk//ab$，再检查 $d'k'$ 是否平行于 $a'b'$。

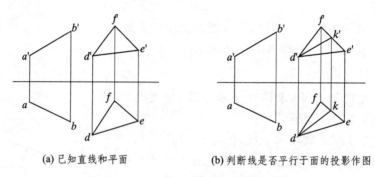

(a) 已知直线和平面　　　(b) 判断线是否平行于面的投影作图

图 3-4　判断直线与平面是否平行

3.1.2　平面与平面平行

1. 几何条件

若两平面各有一对相交线且两两对应平行，则两平面互相平行。如图 3-5 所示，在 P 和 Q 两面上，若有 $AB//A_1B_1$，$AC//A_1C_1$，则 P 与 Q 二平面相互平行。

思考题：若两平面各有一对平行线两两对应平行，两平面是否也平行？

2. 作图举例

例 3-4　过已知点 A 求作一平面，使与已知平面 △DEF 平行，如图 3-6(a) 所示。

解　按几何条件，过 A 点作一对相交线分别平行于 △DEF 上一对相交线，则过点 A 的两相交线所确定的平面平行于 △DEF。如图 3-6(b) 所示，作 $AB//DE$，

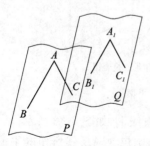

图 3-5　平面与平面平行的几何条件

$AC//EF$，则由 AB 和 AC 二线确定的平面即为所求。

例 3-5　判断 P、Q 两面是否平行，见图 3-7(a)。

解　按几何条件，过 Q 平面上任意点 A 作一对相交线 AB 和 AC，在 P 平面上是否能找

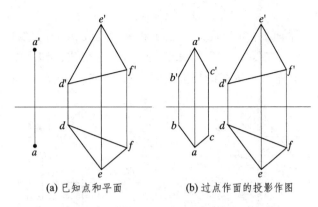

(a) 已知点和平面　　(b) 过点作面的投影作图

图 3-6　过点作已知平面的平行平面

到一对相交线 A_1B_1 和 A_1C_1 与之对应平行。作图结果表明：它们互相不平行。从而可判定 P、Q 两面是不平行的，如图 3-7(b)所示。

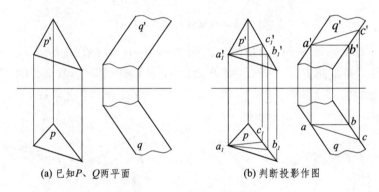

(a) 已知 P、Q 两平面　　(b) 判断投影作图

图 3-7　两平面平行性判断

3.2　相交问题

3.2.1　平面与平面相交

两平面如不平行则相交，其交线是一条直线。两平面相交问题，即是确定其交线。

1. 交线的性质

两平面的交线是两平面的共有直线，交线上所有各点都是两平面的共有点。因此，确定两平面的交线，就是确定其两共有点。

2. 交线的求法

由交线的性质可知：求两平面的交线，就是求两平面的共有点。只要求得两个共有点，则两点可确定交线；或是求得一个共有点及交线的方向，则由一点一方向也可确定交线。

(1) 积聚性法求交线

由特殊平面的投影特性可知：特殊面总是有一个投影有积聚性。根据积聚性可得知交线的一个投影，从而可求得其他投影。举例如下：

例 3-6 求作水平面 P 与 $\triangle ABC$ 的交线如图 3-8(a)所示。

解 因交线属于水平面 P，而 P 面的 V 投影积聚为迹线 p_V，故交线的 V 投影为已知。设交线为 L，则 $l'\equiv p_V$。又因交线也属于 $\triangle ABC$，于是，问题变成已知 $\triangle ABC$ 上一直线 L 的投影，求其 H 投影。应用在平面上取线的作图法即可求出，如图 3-8(b)所示。

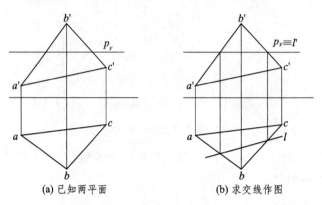

(a) 已知两平面   (b) 求交线作图

图 3-8 积聚性法求交线（一）

例 3-7 求作铅垂面 P 与 $\triangle ABC$ 的交线，如图 3-9(a)所示。

解 因交线是铅垂面 P 上一条线，而 P 面的 H 投影有积聚性，故交线的 H 投影为已知。又因交线也在 $\triangle ABC$ 上，与例 3-6 同理，问题转化为在 $\triangle ABC$ 上取线，于是问题得解，如图 3-9(b)所示。

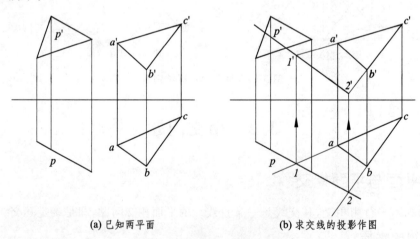

(a) 已知两平面   (b) 求交线的投影作图

图 3-9 积聚性法求交线（二）

(2) 辅助面法求交线

当两平面均为一般位置平面时，其投影无积聚性可供利用，那么应根据"三平面共点"原理，作辅助面求交线上的共有点，从而确定交线。

如图 3-10 所示，有两个一般位置平面 P、Q 相交。为求其交线，可作辅助平面 S_1，求出 S_1 与 P、Q 二面的交线 L_P 和 L_Q。该二直线的交点 M，为三平面的共有点，当然也就是 P、Q 两面交线上的点。同理，再作第二个辅助面 S_2，又可求得另一个共有点 N。由 M 和 N 两点所确定的直线，即是 P、Q 两平面的交线。下面举例说明作图法。

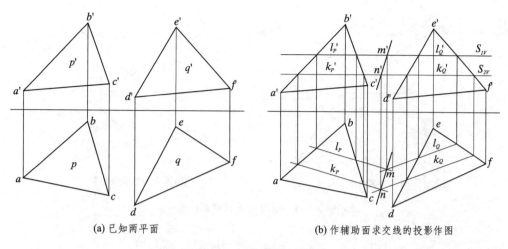

(a) 已知两平面　　　　　　　(b) 作辅助面求交线的投影作图

图 3-10　辅助平面法求交线

例 3-8　求作△ABC 与△DEF 的交线如图 3-10(a)所示。

解　因两平面为一般位置平面,求其交线需要作辅助面才能解决。作为辅助面的平面,一般多为特殊面,以便容易求出交线。本题选用两个水平面 S_1 和 S_2 作为辅助面,求出 P、Q 二平面的两个共有点 M 和 N,连接 MN,即为所求交线,如图 3-10(b)所示。

3.2.2　直线与平面相交

直线与平面如不平行,则必相交于一点,一般称此点为直线与平面的穿点,表示直线经此点穿过平面。

1. 穿点的性质

穿点是直线与平面的共有点,既在直线上又在平面上。

2. 穿点的求法

根据直线与平面有一般和特殊两种位置,相应的也有两种求法:

① 积聚性法,适用于特殊线或特殊面;

② 辅助面法,适用于一般线和一般面。

(1) 积聚性法求穿点举例

例 3-9　求一般直线 L 与正垂面△ABC 的穿点,如图 3-11(a)所示。

解　因△ABC 为正垂面,其 V 投影有积聚性,故穿点 K 的 V 投影 k' 必在△ABC 的 V 投影 $a'b'c'$ 上;又穿点的 V 投影还应在直线 L 的 V 投影 l' 上。可见,l' 与 $a'b'c'$ 的交点就一定是穿点 K 的 V 投影 k'。再根据点、线的从属关系,可求得 H 投影 k,如图 3-11(b)所示。

例 3-10　求铅垂线 L 与△ABC 的穿点,如图 3-12(a)所示。

解　由于铅垂线 L 的 H 投影有积聚性,故穿点 K 的 H 投影 $k\equiv l$。又因穿点 K 也在△ABC 上,于是,可由平面上取点的方法,由已知的 H 投影 k 求得 V 投影 k',如图 3-12(b)所示。

(2) 辅助面法求穿点举例

当直线与平面都是一般位置时,它们的交点不能直接在投影图上得到,就需要通过作辅助

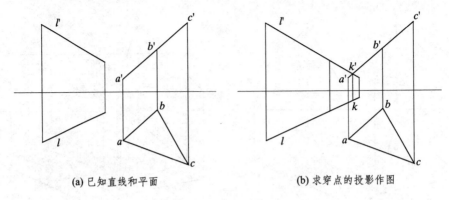

(a) 已知直线和平面　　　　(b) 求穿点的投影作图

图 3-11　积聚性法求穿点（一）

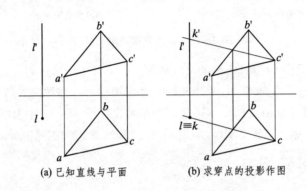

(a) 已知直线与平面　　　　(b) 求穿点的投影作图

图 3-12　积聚性法求穿点（二）

平面才能解决。

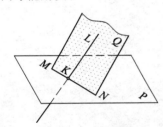

图 3-13　辅助平面法求穿点原理

如图 3-13 所示，设有直线 L 与平面 P 相交，其交点为 K。因交点是线、面共有点，既在 L 线上，又在 P 平面上。K 点在 P 平面上，因此必在该平面的一条直线上，例如在 MN 上。于是，直线 MN 与直线 L 为相交二直线，可组成平面 Q（即辅助平面）。显然，MN 就是 P、Q 二平面的交线，交线与 L 线的交点 K，即是穿点 K。由于过 K 点的直线（如 MN）有无穷多，故过 L 线的平面 Q 有无穷多。为作图简便，一般过 L 线所作的辅助面多为投射面。

综上所述，可得求穿点作图的三个步骤如下：
- 过已知直线 L 作辅助面 Q（多为投射面）；
- 求出辅助面 Q 与已知面 P 的交线 MN；
- 直线 MN 与 L 线的交点 K 即为所求。

现举例说明其投影作图过程。

例 3-11　求直线 L 与 $\triangle ABC$ 的穿点，如图 3-14(a) 所示。

解　因 L 线与 $\triangle ABC$ 均为一般位置，故应通过辅助面法求解。

按上述作图步骤：
- 过直线 L 作辅助面 Q（在此为铅垂面，$l \equiv Q_H$）；

- 求出 Q 面与 $\triangle ABC$ 的交线 MN（$mn \equiv l$，m 点在 ac 上，n 点在 bc 上，于是有：m' 在 $a'c'$ 上，n' 在 $b'c'$ 上）；
- $m'n'$ 与 l' 的交点 k'，即是穿点 K 的 V 投影，由此可得 H 投影 k，如图 3-14(b)所示。

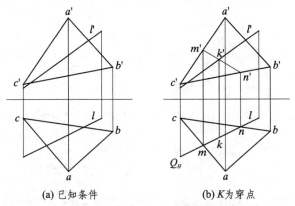

(a) 已知条件　　　(b) K 为穿点

图 3-14　辅助平面法求穿点

3.2.3　可见性问题

直线经穿点过平面后，将有一部分线段被平面遮住。设平面为不透明的，则线段产生可见性问题，穿点成为直线可见与不可见部分的分界点。直线哪一段可见或不可见需加以判断并表示出来（不可见部分用虚线表示）。其判断方法仍归结为重影点的可见性。如图 3-15 所示，欲判断 L 直线 V 投影的可见性，可取重影点 $d' \equiv e'$。设 D 在 L 线上，E 在 AB 线上，由该两点的 H 投影观察，可知 E 的远标大于 D，故 d' 为不可见点，从而得知 $d'k'$ 一段直线为不可见，图上用虚线画出。

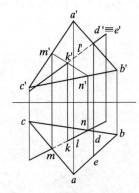

图 3-15　判断直线与平面相交的可见性

同理，可以判断直线 L 在 H 面上的可见性。为此，应先在 H 投影上确定重影点，然后按上述作法求解。在此不赘述。但必须强调指出，各投影的可见性，必须分别加以判断。因为如图 3-15 所示，V 投影上 $k'd'$ 不可见，而 H 投影上却是 km 不可见。

3.2.4　利用穿点法求两平面的交线

当平面以三角形、四边形或其他平面图形表示时，为了求出两平面的交线，可采取从其中一平面上选两直线，分别求此两直线对另一平面的穿点，连接此两穿点的直线，即为两平面的交线。

如图 3-16(a) 所示，有两个三角形平面 $\triangle ABC$ 和 $\triangle DEF$ 相交。为求其交线，可选 $\triangle DEF$ 的两边 DE 和 DF，分别求出该两直线与 $\triangle ABC$ 的穿点 M 和 N，再连接 MN，即得此两平面的交线，如图 3-16(b)所示。交线求得后，因两平面有相互重叠部分，产生可见性问题，再应用重影点加以判断，如图 3-16(c)所示。

为判断 V 投影的可见性，取 V 投影中 $d'e'$ 与 $a'c'$ 的交点 $1'$ 为重影点，在 H 投影上，可求得

ac 上的 1 和 de 上的 2,说明 AC 在前,DE 在后。同理,还要判断 H 投影的可见性,可在 H 投影上取 de 和 ac 交点 4 为重影点,在 V 投影上求得 $4'$、$5'$ 说明 DE 在上,AC 在下。

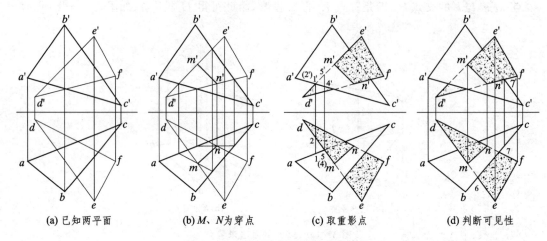

(a) 已知两平面　　(b) M、N 为穿点　　(c) 取重影点　　(d) 判断可见性

图 3-16　穿点法求两平面交线(一)

当两平面咬交时,如图 3-17 所示,同样可应用穿点法,求出其中一平面上两直线(例如取四边形的两长边)与另一平面的穿点(如 K 和 G),连成直线后,取共同有效部分(如 KL),即得交线。

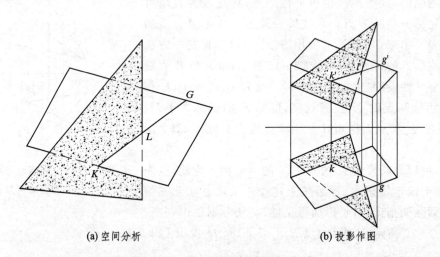

(a) 空间分析　　(b) 投影作图

图 3-17　穿点法求两平面交线(二)

3.3　垂直问题

3.3.1　直线与平面垂直

1. 几何条件

一条直线垂直于一平面,必然垂直于平面上的一对相交直线,如图 3-18 所示。垂直于平面的直线,称为平面的法线。

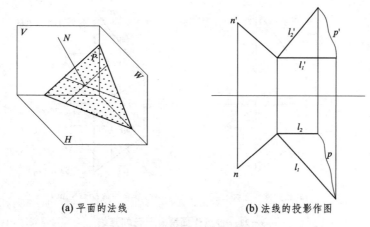

(a) 平面的法线　　　　　　(b) 法线的投影作图

图 3-18　垂直于平面的直线

2. 法线的几何性质

如图 3-18(a)所示，设直线 N 是平面 P 的法线，则有：

① 平面上一切直线都与法线垂直（相交垂直或交叉垂直）；

② 过法线的平面，或平行于法线的平面，都与 P 面垂直；

③ 平面对某投影面的坡角和法线与该投影面的倾角互为余角。如图 3-19 所示，设 ϕ_H 为 P 平面与 H 面的坡角，θ_H 为法线 N 与 H 面的倾角，则有 $\phi_H + \theta_H = 90°$。

3. 法线的投影表示法

当平面以一对相交的主直线表示时（即主直线平面），根据直线投影定理，则法线的 V 投影垂直于正平线的 V 投影，法线的 H 投影垂直于水平线的 H 投影，如图 3-18(b)所示。

4. 基本作图题

① 过已知点作一平面的法线如图 3-20 所示。

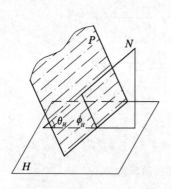
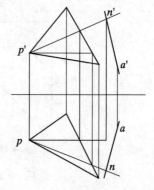

图 3-19　平面对 H 面的倾角　　　图 3-20　过点作线垂直于已知平面

若已知平面以平面图形（例如三角形）表示，则应先在平面上取一对相交的主直线，再过已知点的投影，分别作直线垂直于主直线相应的投影。

② 过已知点作已知直线的垂直平面如图 3-21(a)所示。

欲过已知点 A 作已知直线 L 的垂直平面。为此，过 A 点作一对相交的主直线，一条是正

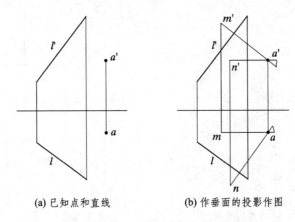

(a) 已知点和直线　　(b) 作垂面的投影作图

图 3-21　过点作面垂直于已知直线

平线 M，另一条是水平线 N。这一对主直线同时垂直于 L 直线，即 $m'\perp l'$，$m /\!/ X$ 轴，$n\perp l$，$n' /\!/ X$ 轴，那么由 M 与 N 所确定的主直线平面即为所求，如图 3-20(b)所示。

5. 应用举例

例 3-12　求 A 点到 P 平面的距离如图 3-22(a)所示。

解　求 A 点到 P 平面的距离，应首先自 A 点向 P 平面作垂线（即法线），然后求出法线与平面的穿点 K（即垂足）。A、K 两点之距离，即为 A 点到 P 平面的距离。

具体作图如下：

① 过 A 点作 P 平面的法线 N；

② 求 N 与 P 平面的穿点 K；

③ 连 AK，即为所求距离；

④ 求 AK 真长，如图 3-22(b)所示。

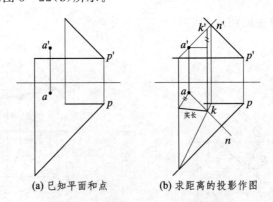

(a) 已知平面和点　　(b) 求距离的投影作图

图 3-22　求 A 点到 P 平面的距离

例 3-13　求两平行平面之距离如图 3-23(a)所示。

解　求两平行平面之距离，可自一平面上任取一点，向另一平面作垂线，求出垂足。此两点之间的距离，即为两平行平面之间的距离。问题的解法同例 3-12，作法如图 3-23(b)所示。本例未求实长。

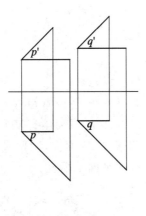
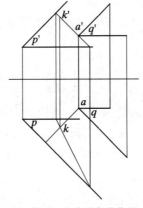

(a) 已知两平面 P 和 Q　　　　(b) 求 P 和 Q 距离的投影作图

图 3-23　求两平行平面之间的距离

3.3.2　平面与平面垂直

1. 几何条件

若两平面互相垂直,则其中一平面必过另一平面的法线,或平行于该法线。如图 3-24 所示,设直线 AB 为 P 平面的法线,则过 AB 线的任何平面(或平行于 AB 线的平面),都与 P 平面垂直。

2. 基本作图题

① 过已知点 A 作平面垂直已知平面 P,如图 3-25 所示。

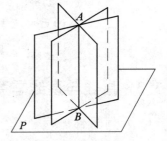

图 3-24　过 AB 线的平面都与 P 平面垂直

如图 3-25 所示,由几何条件,过 A 点先作已知平面 P 的法线 AN(垂直于 P 面的一对主直线);然后再过点 A 作任意直线 AM。由 AM 和 AN 二直线所确定的平面即为所求。本题有无穷多解。

② 过已知直线 L 作平面垂直于已知平面 P,如图 3-26 所示。

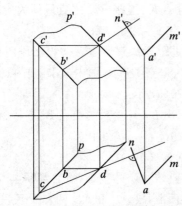
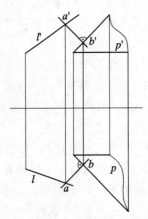

图 3-25　过已知点 A 作平面垂直于已知平面 P　　**图 3-26　过直线 L 作平面垂直于 P 平面**

由几何条件知:所作平面应过 P 平面的法线。因而,可自 L 线上任取一点 A 作 P 平面的法线 AB,由 L 与 AB 二直线所确定的平面,即为所求。

3. 应用举例

例 3-14 如图 3-27(a)所示,判断 P、Q 两平面是否垂直?

解 要判断 P、Q 两平面是否垂直,就要检验 P 平面上是否有 Q 平面的法线,或检验 Q 平面上是否有 P 平面的法线(本题检验前者)。为此,自 P 平面上任意点 A 作 Q 面的法线 AB,再检查法线上的 B 点是否也在 P 平面上。若 B 点在 P 面上,则两平面垂直;反之,则不垂直。由图 3-27(b)可以看出,B 点不在 P 面上,故两平面不垂直。

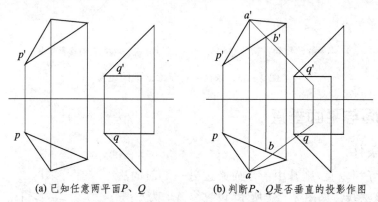

(a) 已知任意两平面 P、Q (b) 判断 P、Q 是否垂直的投影作图

图 3-27 判断 P、Q 两平面是否垂直

3.3.3 直线与直线垂直

1. 几何条件

两直线互相垂直,其中一条线必在另一直线的垂直面上,或平行于另一直线的垂直面。

2. 作图举例

例 3-15 过已知点 A 求作一直线与已知直线 BC 相交垂直,如图 3-28(a)所示。

解 两直线互相垂直,若其中没有投影面平行线,则其投影不能反映垂直关系。因此,应根据两直线垂直的几何条件,过 A 点作 BC 线的垂直平面,从而保证垂面上的直线与 BC 垂直。又因要求相交垂直,故必须求出 BC 线与垂面的穿点 K,连接 AK 之直线即为所求。具体作图见图 3-28(b)所示。

从实际应用出发,本题也可写成求 A 点到 BC 间之距离。解题方法与投影作图仍可归纳为三步,即:过点作面垂直于线;求穿点;求实长如图 3-28(b)所示(图中未求实长)。

例 3-16 求两平行线 L_1 和 L_2 的距离,如图 3-29(a)所示。

解 过直线 L_2 上任意一点,作直线 L_1 的垂面,求出 L_1 与垂面的交点 B,连接 A、B 两点之直线即为两平行线之距离,最后再求实长,如图 3-29(b)所示(图中未求实长)。

例 3-17 判断 AB、CD 两相交线是否垂直,如图 3-30(a)所示。

解 根据两直线垂直的几何条件,过其交点 K 作直线 AB 的垂面,然后判断点 C 或 D 是否在垂面上即可。图 3-30(b)表明,C 点不在 AB 的垂面上,故 AB 和 CD 两直线不垂直。

也可以过 K 点作 CD 线的垂面,再检查 AB 线是否在该平面上,同样可以判断。

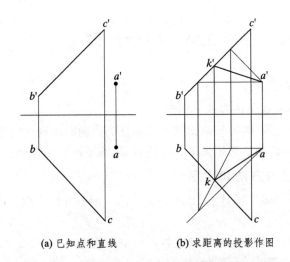

(a) 已知点和直线　　(b) 求距离的投影作图

图 3-28　过点 A 作一直线与已知直线 BC 相交垂直

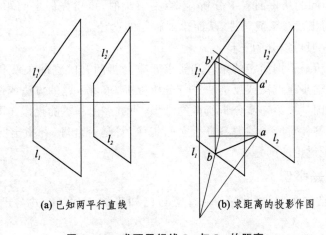

(a) 已知两平行直线　　(b) 求距离的投影作图

图 3-29　求两平行线 L_1 与 L_2 的距离

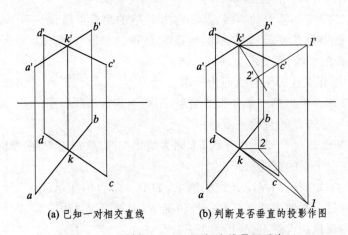

(a) 已知一对相交直线　　(b) 判断是否垂直的投影作图

图 3-30　判断 AB、CD 两相交线是否垂直

3.4 综合问题

1. 综合作图题的含义

综合作图题是指具有如下内容的作图题：
- 元素的综合　点、线、面等几何元素及其相互关系同时出现在问题中。
- 条件的综合　问题的解答须满足的条件较多，需要进行综合分析。

2. 解综合作图题的方法和步骤

根据点、线、面综合作图题的特点，其解题方法除一般的分析推理方法外，尚有如下方法可以选用：
- 交轨法　分析满足条件的几何元素各自的空间轨迹，然后求得可以同时满足所有条件的几何元素或关系，从而得到解题的途径。
- 反推法　当问题从正面着手分析，不容易解决时，可事先假定问题已解，再反推回去，找出问题的相互联系或条件，从而得到解题的途径。

解题的步骤，一般可以分为三步：

第一步空间分析　根据给定的条件和要求着重分析问题的空间关系和几何实质，然后应用轨迹法、交轨法、逐步逼近法或反推法进行分析推理，求得解题的方法或途径；

第二步投影作图　按第一步分析所得的结果，通过多个基本的投影作图求得解答；

第三步讨论解答　对所求的解答进行空间想像，看是否合理，并指出问题为独解、多解或无解，以及其他应予讨论的问题。

3. 综合作图题举例

例 3-18　过已知点 A 求作一直线，使与已知直线 L 垂直，并与已知平面 P 平行如图 3-31(a) 所示。

解　第一步空间分析。根据已知几何条件，采用交轨法：

① 在空间与已知线 L 垂直的直线，其轨迹为 L 线的垂直平面；
② 在空间与已知面 P 平行的直线，其轨迹为 P 面的平行平面；
③ 上述二平面的交线，是所求直线的方向；
④ 过已知点 A 作交线的平行线即为所求。

第二步投影作图。根据第一步分析的结果，用如下基本作图解题：

① 任作一个与已知 L 垂直的平面 Q；
② 任作一个与已知面 P 平行的平面(本题为简化作图，就利用 P 平面本身)；
③ 求出 P、Q 二平面的交线 MN；
④ 过 A 点作直线 $AB//MN$，AB 线为所求，如图 3-31(b)所示。

第三步讨论解答。本题为独解。在一般情况下，所求直线 AB 与 L 线为交叉垂直。

此例也可采用反推法求解，现分析如下：

如图 3-32 所示，设过 A 点垂直于 L 线且平行于 P 面的直线 AB 已作出。可以看出：AB 应平行于 P 平面上一直线 CD，因 $AB \perp L$，故 $CD \perp L$，于是可知，L 线在 CD 的垂面上；又因 CD 在 P 平面上，故 CD 的垂面也与 P 平面垂直，即 L 线在 P 面的垂面上。因此，得作图步骤

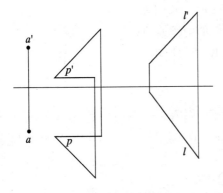 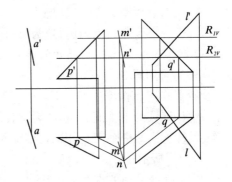

(a) 已知元素的投影图　　　　　　(b) 求解的投影作图

图 3-31　过点 A 作一直线与直线 L 垂直且与平面 P 平行

为:过 L 线先作 P 面的垂面 Q,再过 A 点作 Q 面的垂线 AB,则 AB 线即为所求直线。投影作图,读者自练之。

例 3-19　过已知点 A 求作一直线,与已知两交叉线 L_1 和 L_2 相交,如图 3-33(a)所示。

解　第一步空间分析。根据已知几何条件,采用反推法。设所求直线已作出,如图 3-33(b)所示。显而易见,该直线与 L_1 交于 K_1,与 L_2 交于 K_2。而 AK_1 与 L_1 为相交二直线,可确定平面 P,点 K_2 为直线 L_2 与平面 P 的交点。由此得解题方案为:先由

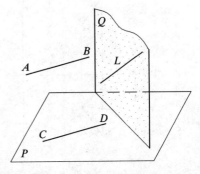

图 3-32　AB 平行 P 平面上一直线 CD

点 A 与直线 L_1 确定一平面 P,再由直线 L_2 与平面 P 得交点 K_2,连接 A 与 K_2 两点间之直线即为所求。

第二步投影作图。作图过程如图 3-33(c)所示。

第三步讨论解答。本题为独解。

本例也可采用另一解法:取点 A 与 L_1 决定一平面 P,再由点 A 与 L_2 决定另一平面 Q。求出 P、Q 两平面的交线亦为所求直线。但作图稍繁琐,因 P、Q 两平面都是一般面。

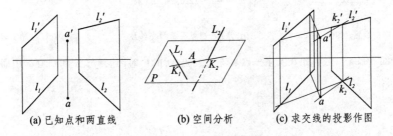

(a) 已知点和两直线　　　(b) 空间分析　　　(c) 求交线的投影作图

图 3-33　过点 A 求作一直线与已知两交叉线 L_1、L_2 相交

例 3-20　在已知平面 P 上求一点 K,使 K 点与已知点 A,B,C 等距。已知 A 和 C 两点立标相同,如图 3-34(a)所示。

解　第一步空间分析。根据已知几何条件,采用交轨法:

① 与 A、B 两点等距的点,其轨迹为 A、B 连线的中垂面 R;

② 与 A、C 两点等距的点,其轨迹为 A、C 连线的中垂面 Q;

③ R、Q 两平面的交线 L 与已知面 P 的交点 K 即为所求。

整个作图结果如图 3-34(b)所示。

第二步投影作图。作图过程如下:

① 作 A、B 连线的中垂面 R,在此为主直线平面,如图 3-34(c)所示;

② 作 A、C 连线的中垂面 Q,因 A、C 立标相同,故 AC 线为水平线,于是平面 Q 为铅垂面,如图 3-34(c)所示;

③ 求出 R、Q 两平面的交线 L,如图 3-34(d)所示;

④ 求出 L 线与 P 平面的交点 K,K 点即为所求,如图 3-34(e)所示。

第三步讨论解答。本题为独解。

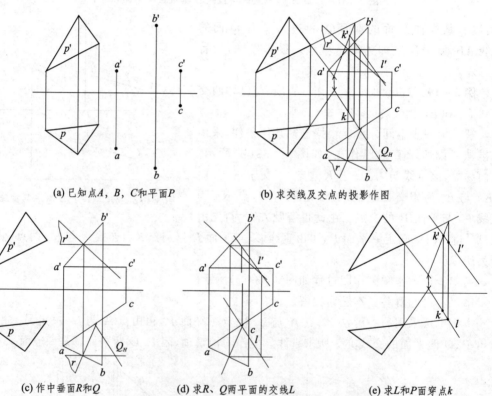

(a) 已知点 A,B,C 和平面 P 　　(b) 求交线及交点的投影作图

(c) 作中垂面 R 和 Q　　(d) 求 R、Q 两平面的交线 L　　(e) 求 L 和 P 面穿点 k

图 3-34　在平面 P 上求一点 K 与已知点 A,B,C 等距,并与 A 和 C 立标相同

第 4 章 投影变换

当空间的几何元素对投影面处于一般位置时,它们的投影既不反映真实大小,也不具有积聚性;而当它们和投影面处于特殊位置时,其投影或反映真实大小,或具有积聚性。从这里可以得到启示,要解决一般位置几何元素的度量或定位问题时,如能把它们由一般位置改变成特殊位置,问题就很容易得到解决。为此,当空间的几何元素在已知的投影体系中处于一般位置时,可以选取与几何元素成特殊位置的新投影体系来置换旧的投影体系。这种由原投影到新投影的变换,被称为投影变换中的换面法。

4.1 换面法的基本原理

换面法的原理就是保持几何元素在原来的投影体系中的相对位置不变,用新的投影面来代替旧的投影面,使空间的几何元素对新投影面的相对位置变成有利解题的位置,然后求出其在新投影面上的投影。那么,新的投影面与原来的投影面之间究竟是什么样的位置关系呢?新的投影方向与新的投影面之间是否仍为正投影呢? 在此,换面法的基本规则如下:
- 新投影面与原投影面之一保持垂直,形成新的投影体系;
- 新投影面的位置必须满足解题的要求;
- 向新投影面作正投影;
- 新的投影面应沿着新的投影方向折倒展开。

4.2 点的换面

点是最基本的空间几何元素。理解和掌握点的投影变换规律,是学习和掌握换面法的基础。

1. 点的一次换面

如图 4-1(a)所示,在 V/H 体系中,点 A 正面投影为 a',水平投影为 a。先用一 V_1 面($V_1 \perp H$)来代替 V 面,组成一新的 V_1/H 体系;然后,将点 A 向 V_1 面作正投影,得 A 点在 V_1 面上的新投影 a_1'。a_1' 和 a 是点 A 在新的投影体系 V_1/H 中的两个投影。V 面上的 a' 称为旧投影,V_1 面上的 a_1' 称为新投影,H 面上的 a 称为不变投影。显然,V/H 体系中的 (a',a) 与 V_1/H 体系中的 (a_1',a) 有这样的关系,即在两投影体系中点 A 到 H 面的距离(Z 坐标)均相同,即 $a'a_x = Aa = a_1'a_{X_1}$;此外,由正投影原理可知,当 V_1 面绕 X_1 轴旋转到与 H 面重合时,a 与 a_1' 的连线必定垂直于 X_1 轴。由此可得出点的投影变换规律:
① 点的新投影和不变投影的连线,垂直于新投影轴。
② 点的新投影到新投影轴的距离等于被替换的旧投影到旧投影轴的距离。

根据上述投影变换规律,由 V/H 体系中的 (a',a) 求出 V_1/H 体系中的投影 a_1' 的作图步骤见图 4-1(b)。首先在适当的位置作新投影轴 X_1,新轴 X_1 确定的 V_1 面即代替旧 V 面,形

成新的 V_1/H 投影体系；然后过不变投影 a 向新轴 X_1 作垂线，即 $aa_{X_1} \perp X_1$ 轴，a_{X_1} 为垂足；最后在垂线的延长线上量取 a_1'，使得 $a_1'a_{X_1} = a'a_X$，从而得到 A 点在 V_1 面上的新投影 a_1'。

同理，可求出变换 H 面时点的投影过程（作图略）。

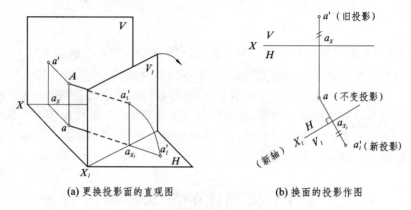

(a) 更换投影面的直观图　　(b) 换面的投影作图

图 4-1　点的一次换面（变换 V 面）

2. 点的二次换面

只更换一次投影面的换面，称为一次换面。在解决实际问题时，往往需要二次或多次换面，因此又称为点的二次换面或连续换面。二次换面或多次换面与一次换面类同，只是被变换的投影面应交替选取。按照点的投影对应规律，可以由旧的投影建立新的投影，但是在选取坐标时，特别要注意体系的方位，如图 4-2 所示。

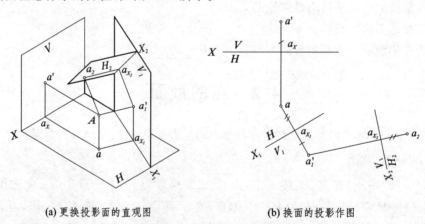

(a) 更换投影面的直观图　　(b) 换面的投影作图

图 4-2　点的二次换面

4.3　直线的换面

1. 一般位置直线一次变为投影面的平行线

一般位置直线 AB 对 V 和 H 面都是倾斜的，根据平面平行与直线的几何条件，可以作出与 AB 平行且与原体系中任一个投影面垂直的新投影面。在图 4-3 中，选取铅垂面 $V_1 // AB$。V_1 面距离 AB 的远近不影响其平行关系，因而在图上，X_1 轴应平行于 ab，二者间的距离可任取;然后,按点的换面规律作出新投影 $a'_1b'_1$。在 V_1/H 二面体系中 $AB//V_1$,故 $a'_1b'_1$ 即为 AB 之实长。它与 X_1 夹角 α 等于 AB 直线与 H 面的倾角 θ_H。

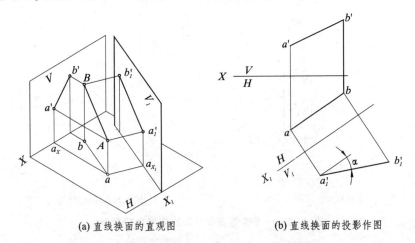

(a) 直线换面的直观图　　(b) 直线换面的投影作图

图 4-3　一般位置直线一次变换为投影面的平行线

2. "面"//线一次变换为投射线

与"面"//线垂直的新投影面必垂直于与直线平行的投影面,因而与之组成新的正投影体系。

图 4-4 中,新投影面 H_1 与正平线 AB 垂直,AB 直线在新体系中则是正垂线了。

作图步骤如下:

① 作 $X_1 \perp a'b'$;

② 按点的投影变换规律作出 $a_1 \equiv b_1$。

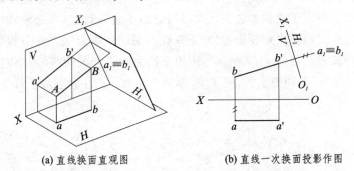

(a) 直线换面直观图　　(b) 直线一次换面投影作图

图 4-4　将"面"//线一次变换为投射线

3. 一般位置直线经二次变换为投射线

如果选取新投影面垂直于一般位置直线,则此面与旧投影面必不垂直。所以,一般位置直线不能一次变换为投射线,必须先变直线为"面"//线,再变换为投射线,如图 4-5 所示。

作图步骤如下:

① 变 BC 为 V_1 面的平行线　作 $X_1 // bc$,按规律作出 $b'_1c'_1$。

② 变 BC 为 H_2 面的垂直线　作 $X_2 \perp b'_1c'_1$,按变换规律作出 $b_2 \equiv c_2$。

作图时要特别注意,哪两个是间接对应的投影,并搞清坐标如何量?方位如何定?

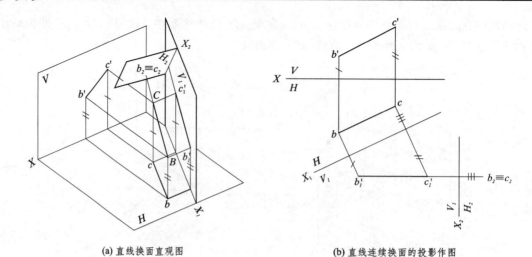

(a) 直线换面直观图 (b) 直线连续换面的投影作图

图 4-5 一般位置直线经二次变换为投射线

例 4-1 如图 4-6 所示已知点 A 和直线 BC，求点 A 到 BC 线距离的投影和实长。

解 经过两次变换，直线在新体系中处于铅垂位置，则 a_2k_2 即为距离实长，如图 4-6(a)所示。注意，此时还应取 a_2k_2 返回成 $a'_1k'_1$，且 $a'_1k'_1 /\!/ X_2$。再按从属性作出垂足 K 的投影，$a'c'$ 和 ac 即为距离之投影。

例 4-2 求交叉两直线 AB 与 CD 间的距离（投影及实长）。

解 两交叉直线间的距离是指两直线的公垂线。由于 AB 和 CD 均为一般位置直线，故它们的公垂线也是一般位置的，因此在投影图中不能直接量出该距离的实长。根据一般位置直线经过二次换面，可以变成新投影面的垂直线，不妨先把其中的一条线如 AB 变成新投影面的垂直线。这时，直线 CD 也应跟着实行二次换面。经二次换面后的直线 CD 对于新投影体系仍然是一般位置。但由于它们的公垂线同时与它们垂直，因此这条公垂线在新投影体系中是新投影面的平行线。根据直角投影定理，公垂线与 AB 的垂直关系在新投影面的投影中可直接反映出来。作图过程如图 4-7 所示。图中 EF 为两直线的距离，作图时过 f_2 作直线垂直于 d_2c_2 交于 e_2，f_2e_2 即距离实长，将 f_2e_2 返回求出 $f'_1e'_1$，注意它应平行于 X_2。

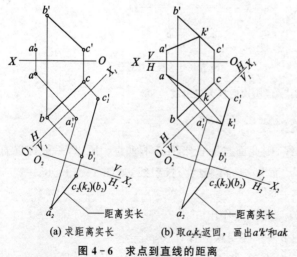

(a) 求距离实长　(b) 取 a_2k_2 返回，画出 $a'k'$ 和 ak

图 4-6 求点到直线的距离

图 4-7 求交叉两直线间的距离

4.4 平面的换面

一般位置平面对两个投影面都是倾斜的,如果要变换为投影面的平行面,则新投影面仍然与原投影面倾斜,因此必须要二次换面。

能否一次变换为投射面呢?根据两平面垂直条件,只要使投影面垂直于平面上的一条直线,则包含此直线的平面必变换为投射面。但是,一般位置直线变换为投射线需要换两次面。因为只有面平行线才能一次变换为投射线。所以在平面上取一条"面"//线,作新轴与之垂直,则一般位置平面就可以一次变换为投射面。

1. 一般位置平面一次变换为投射面

在△ABC上任作一水平线AD(图4-8),作$X_1 \perp ad$,在V_1上$a_1' \equiv d_1'$,并且与c_1'和b_1'共线,即三角形有积聚性。由于保留了H面,可直接在V_1面上得出平面的水平坡角ϕ_H。

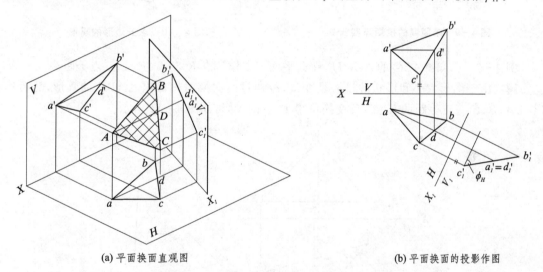

(a) 平面换面直观图　　　　　　　　(b) 平面换面的投影作图

图4-8　一般位置平面一次变换为投射面

例4-3　求点M到△ABC的距离(投影及实长)。

解　当平面处于投射面位置时,则易于求点到面的距离。如图4-9所示,经过一次换面使△ABC与V_1垂直,则过点M且垂直于△ABC的直线必平行于V_1面;利用平面V_1投影积聚性,作$m_1'k_1' \perp b_1'c_1'$,就可以直接确定垂足K及距离之实长$m_1'k_1'$,再按对应规律确定k和k'。

2. 投射面一次变换为"面"平行面

例4-4　求五边形的真形。

解　图4-10中给出五边形垂直于V面。为求其真形,可以作一新投影面H_1平行于五边形,则H_1与V面组成新的正投影体系,按点的变换规律作出各顶点的新投影,即得所求五边形的真形。

3. 一般位置平面二次变换为"面"平行面

一般位置平面须先变换为投射面,再变换为"面"平行面。利用新投影的存真性,便于解决真形问题和定位问题。现举例说明。

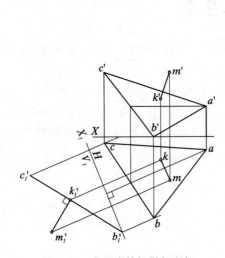

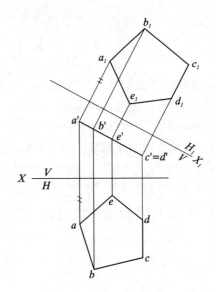

图 4-9 求距离的投影与实长　　　　　　图 4-10 求五边形的真形

例 4-5 已知 $\triangle ABC$ 的 $AC/\!/H$，在此平面上求作一点 K 与 A、B、C 三点等距。

解 由于图形大小和形状的投影是变量，故通过两次换面先得出 $\triangle ABC$ 的真形，然后作出与 A、B、C 三点等距的 K 点，反变换可得 K 点的投影，如图 4-11 所示。

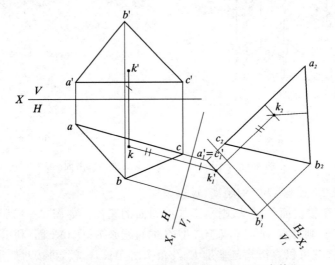

图 4-11 在平面上求作一点 K 与 A, B, C 三点等距

作图步骤如下：

① 二次换面作出 $\triangle ABC$ 的真形 $\triangle a_2 b_2 c_2$。

② 在真形上作出与 a_2、b_2、c_2 三点等距的点 k_2，按积聚性由 k_2 作出 k_1'，再依据点的间接投影对应规律作出 k 和 k'，也可以按从属性由 k 作出 k'。

第 5 章 平面立体

平面立体是由平面多边形所围成的多面体,而平面多边形又是由点和直线组成。因此,可以说平面立体就是点、直线、平面多边形的综合。由此可见,平面立体的投影问题并没有什么新的内容,只不过要求注重解决问题的思路、方法和更高的综合想像能力而已。

解决平面立体的投影问题的基本方法被称为线面分析法。平面立体的投影,实际上是组成该物体的各个表面的投影综合,而这些表面都是按一定的形状要求和连接方式构成的。因此,只要画出各个表面及其相互关系的各投影,就可以在投影图上表示出物体的形状。构成平面立体的各表面虽然形状各异,但其空间位置只有三种情况:投影面平行面、投影面垂直面和一般位置平面。以看图为例:从投影图上一个一个的封闭线框入手,并根据投影对应规律找出与之对应的另外两个投影,从而分析出各个表面的空间方位和形状,最后就可以综合想像出物体的形状。

解决平面立体的投影问题,经常用到以下的基本知识和基本概念:
- 各种不同位置的直线和平面的投影特性。
- 投影图中一个封闭的线框一般表示物体的一个表面的投影。
- 投影图中的图线,有的是一个平面积聚成的线段,有的是表示两平面的交线。
- 空间平面多边形与它的投影之间及投影与投影之间都具有亲似性。

5.1 平面基本几何体

平面基本几何体分为两大类:棱柱体和棱锥体。棱柱体中互相平行的两个平面称为棱柱的底面,其余各平面称为棱柱的侧面,侧面与侧面的交线称为棱柱的侧棱。棱锥体由底面、锥顶和若干个侧面组成。棱锥的底面是多边形,侧面都是三角形。其各侧面的交线,也称为侧棱。

图 5-1 和图 5-2 分别为正三棱锥和正六棱柱的三面投影图。

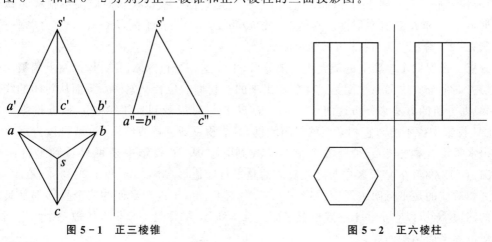

图 5-1 正三棱锥　　　　　　　　图 5-2 正六棱柱

下面以三棱锥的三面投影为例,进行线面分析。根据投影对应规律可以看出,它的三条侧棱中 SA 和 SB 是一般位置直线,SC 是侧平线;组成底面的三条边都是水平线,其中 AB 为侧垂线,其 W 投影积聚为一点。棱锥上的各面:$\triangle SAC$ 和 $\triangle SBC$ 为一般位置平面;$\triangle SAB$ 为侧垂面,其 W 投影积聚成一直线段;底面 $\triangle ABC$ 为一水平面,因而它的 H 投影反映真实形状。

只有把图上每一条线和每一个面的性质都了解得清清楚楚,才能对所看到的图形有比较深刻的理解。

5.2　切割型平面立体

切割型平面立体是由一个基本几何形体被若干个不同位置的截平面切割而成。如图 5-3 所示物体,可看作是一个长方体被一个垂直于 V 面的截平面切去物体左上方的一个角,然后被两个垂直于 H 面的截平面切去物体前后两个角而形成。

例 5-1　分析图 5-4 所示的物体。

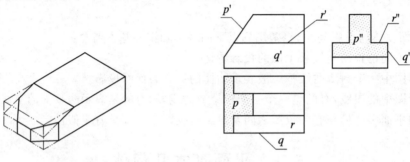

图 5-3　棱柱体的切割　　　　　图 5-4　线面分析

分析　根据三个投影的最大线框来分析,主体是一个棱线垂直于 W 面的"凸"形棱柱体,它的各个侧面和端面都分别平行于 V、H、W 面。棱柱体的左上角被一个垂直于 V 面的截平面切去一个角,如果把这个截平面与棱柱表面的截交情况分析清楚了,这个图也就看懂了。首选从 H 投影的封闭线框 P 入手,根据投影对应关系,在 V 投影上找不出与它相亲似的封闭线框,只能积聚成一斜直线段 P'。因此,P 平面是一个正垂面。根据投影对应关系很容易找到封闭线框 p''。p 和 p'' 具有亲似性。其他表面如 $Q(q',q,q'')$ 为正平面,$R(r',r,r'')$ 为水平面。

例 5-2　分析如图 5-5 所示的物体。

分析　根据三个投影上的最大线框来分析,主体是一个长方体,长方体的左上角被两个截平面切去一部分。这两个平面是怎样分析出来的?它们的位置又怎样?下面从封闭的线框入手,用线面分析的方法来分析这两个平面。从 H 投影可以看到封闭线框 a,根据投影对应关系,在 V 投影中找不出与它相亲似的封闭线框,只能积聚成一段直线 a',这就可以肯定该平面是一个水平面。根据投影对应关系很容易找到 a''。从 H 投影中还可以看到平行四边形 $\square 1234$,且 $12 // 34$;在 V 投影中与之相对应的是平行四边形 $\square 1'2'3'4'$ 和 $1'2'//3'4'$;在 W 投影中与之相对应的是平行四边形 $\square 1''2''3''4''$ 和 $1''2''//3''4''$。由于这个平面的三个投影都是具有亲似性的四边形,所以它是一个一般位置平面。综上所述,物体是一个长方体被一个水平面和一个一般位置平面切割而成。

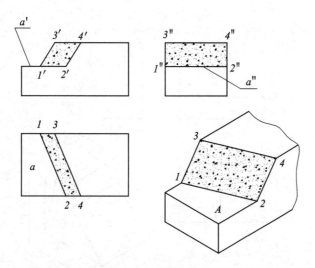

图 5-5 分析形体

在分析物体的投影图时,必须将几个投影联系起来分析,切忌把各个投影割裂开来,从一个投影就下结论。这也是初学者容易产生的不正确思想方法。

例 5-3 已知物体的 V 和 W 投影,画出 H 投影,如图 5-6 所示。

解 从 V 和 W 投影可以看出,物体基本上是一个长方体,从 V 投影看出物体的左上部被一个侧平面和一个正垂面共同切去了一部分。从其交线的投影 $1''2''$ 变短可以看出,物体左上部的前后被对称的两个侧垂面切去两个角。

进一步分析细节形状,用线面分析方法分析每个表面的空间位置和形状。如 $P(p', p'')$ 为正垂面,$Q(q', q'')$ 为侧垂面等。如果已知每一个平面的两个投影,就可以画出它们的第三个投影。如图 5-7 是 Q 平面的三面投影,q 和 q' 具有亲似性。这样,就可以逐步地把物体的 H 投影画出来。

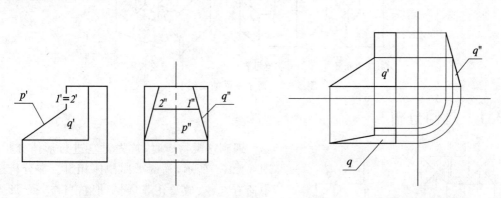

图 5-6 已知物体的 V 和 W 投影,画出 H 投影　　图 5-7 Q 平面的三面投影

因为物体基本上是一个长方体,所以 H 投影可以先画出一个长方形,然后逐个画出其他表面的 H 投影,如图 5-8 所示。

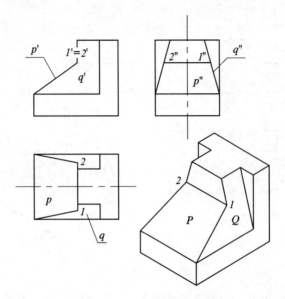

图 5-8 求出物体的 H 投影

5.3 相贯型平面立体

两个平面立体相贯是一种常见的零件结构形式。在前述线面分析方法的基础上,正确解决这类问题的投影,主要是正确分析和处理它们之间的分界线,即两个平面的交线。例如图 5-9 中表示的 12,23,34,15 各线就是。

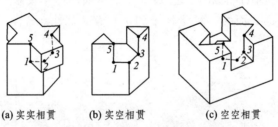

(a) 实实相贯　　(b) 实空相贯　　(c) 空空相贯

图 5-9 两个平面的交线

5.3.1 几何分析

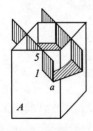 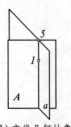

(a) 交线几何分析　(b) 交线几何抽象

图 5-10 对于每一条交线将产生交线的两个平面

遇到这类物体时,首先对它进行形体分析,如图 5-9(a)所示,是两个四棱体相贯。在分析过程中遇有空腔、槽及孔等,同样把它当作一个形体来看待,如图 5-9(b)和(c)所示;同时还可以进一步分析,不论所讨论的面是零件实体的外表面还是空腔的内表面,从几何元素的抽象性来说都是没有厚度的平面。图 5-9 所示的三种情况,虽各不相同,但都可抽象为图 5-10(a)所示的几何模型。因此,皆可按交线是两平面的公共线这一几何性质分

· 62 ·

别求各平面的交线。

对于每一条交线,还可以进一步将产生交线的两个平面,单独抽象出来进行分析,如图 5-10(b)所示的 A 和 a 平面那样。

从上述分析可以看出,在具体作图时应该注意:① 根据两个有限表面的相对位置分析是否有交线产生;② 根据两个表面的相对位置分析交线的位置和方向;③ 根据两个表面的有限范围确定交线的长短。

5.3.2 投影分析

以上对物体的空间性质进行了几何分析,下面再回到投影图上作一些讨论。

从图 5-11 可以看出,由于 $a \perp H$,$A \perp H$,其 H 投影相交,所以存在交线。交线 15 的 H 投影积聚为一点,$1 \equiv 5$。由于 $a \perp V$,故 $1'5'$ 满足积聚性,与 a 面的 V 投影重合。由 15 和 $1'5'$ 可求出 $1''5''$。$1'5'$ 和 $1''5''$ 都反映真长,并且都垂直于相应的投影轴。交线 34 的分析相同。另外,正垂方柱的底面与铅垂方柱的四个侧面的交线 12 和 23 的投影都满足积聚性,不需要另外作图。但从其相对位置来看,其 H 投影皆不可见,故画成虚线。

图 5-12 表示了交线相同,而物体的实体或空腔有些变化的情况,其交线的性质都一样,请读者自行分析。

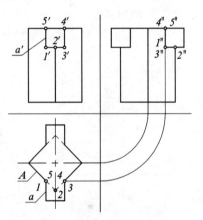

图 5-11 投影分析

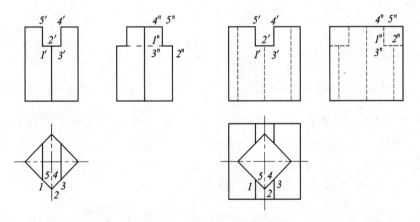

图 5-12 物体空腔交成的投影

例 5-4 补全物体的 V 投影(图 5-13)。

1) 空间分析

从图 5-13 可以看出,物体是一个四棱锥,然后沿着 45°方向平行四棱锥的底面加工出一个长方槽,也就是说,可以看成是一个四棱柱(空腔)与四棱锥相贯。因此,补全物体的 V 投影,实质上就是画槽子的两个侧面(铅垂面)和底面(水平面)与四棱锥侧面的交线,同时还要判断其可见性。

在分析 H 投影时应注意,长方形线框 1234 所包含的范围是槽子底面的投影,而线段 12 和 34 是槽子底面与四棱锥两个侧面交线的投影。线段 25,56,63,17,78 和 84 是槽子两个侧面与四棱锥侧面交线的投影,它们与槽子侧面的 H 投影相重合。这些交线在空间构成一条封闭的空间折线。

2) 投影作图

根据交线是两个面的公共线这一性质,可以把上述空间折线(交线)看成是四棱锥侧面上的线。然后,把问题转化成已知四棱锥侧面上直线的一个投影求另一个投影的问题,面上取点取线的问题。在作图时,一方面根据投影对应规律来进行,同时还要有意识地分析各交线之间的几何关系,以便更准确地画出投影图来。如在空间 12,34,56 和 78 分别平行四棱锥底面的边线,则它们的同名投影应互相平行;又如在空间 25//17,36//48,则它们的同名投影 $2'5'//1'7', 3'6'//4'8'$。具体作图及可见性判断见图 5-14。

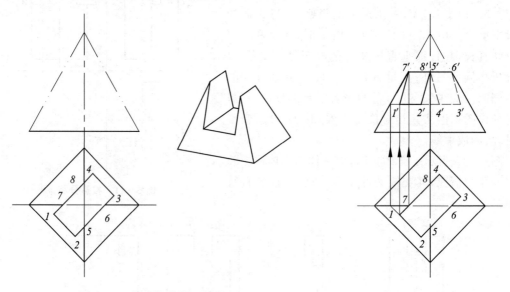

图 5-13　补全物体的 V 投影　　　　图 5-14　投影作图

从上面几个实例的投影分析中可以看出,两个实体直贯后,其投影只有很小的变化,因此作题时,可以先将两形体都画出,然后只将其中几条线的投影适当改变即可。通常,形体 A 被形体 B 相贯,即形体 A 的外形线已不存在了,它会被平面的交线代替。这一投影规律被称为外形线退缩,它对今后作图是很有帮助的,如图 5-15 所示。

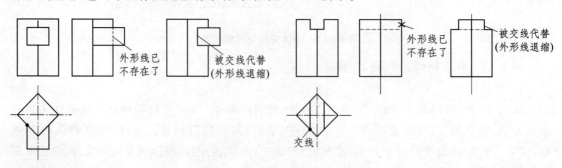

图 5-15　外形线退缩投影作图

综上所述,平面立体的形状可能是多种多样的,但解决问题的思路和方法是一致的,归纳如下：

① 形体分析能力,即善于把组合体分解成基本几何形体的能力。

② 几何抽象能力,即善于把物体的内外表面、棱线抽象成几何元素点、线、面来认识和处理它们的投影问题。

③ 线面分析方法,即根据投影对应规律,分析组成物体的每一个表面的形状和它们的相互位置(包含它们之间的交线),达到综合认识、想像物体的形状和解决投影作图问题的目的。

第6章 基本旋转体

曲面立体有简单和复杂之分。这里先介绍一些基本旋转体,再介绍由基本旋转体组合成的较复杂的曲面立体。

6.1 基本旋转体的形成

基本旋转体是指圆柱体、圆锥体、圆球体和圆环体。它们是由旋转面或旋转面和平面组成的立体。基本旋转体由于工艺和结构简便,在一般零件中大量采用。

旋转面的形成如图1-7所示。
① 圆柱面的形成 由一根与轴线平行的直母线绕轴线旋转而形成。
② 圆锥面的形成 由一根与轴线相交的直母线绕轴线旋转而形成。
③ 圆球面的形成 由一个圆心位于轴线上的半圆母线绕轴线旋转而形成。
④ 圆环面的形成 由一个圆心不在轴线上,但与轴共面的圆母线绕轴线旋转而形成。

根据旋转面的形成,可以清楚地看到:母线在绕轴线旋转形成曲面的过程中,母线上每一点(例如 M 点)所走过的轨迹是一个圆。这个圆称为纬圆。这些圆垂直于旋转轴,圆心在轴线上(即轴线与圆平面的交点),半径就是母线上的点到旋转轴线的垂直距离。当一垂直于轴线的截平面与旋转面相交时,它们的交线都是圆,如图1-2所示。因此,得出旋转面的一个重要的基本性质:任何旋转面的正截口是圆。在与轴线垂直的投影面上,此圆的投影反映真实形状;在与轴线平行的投影面上,此圆积聚成与轴线垂直的一直线段。

上述基本性质是十分重要的,是分析和解决旋转面上许多问题的基本依据。

6.2 基本旋转体的投影

常见到的基本旋转体,其轴线多为投影面垂直线。因为旋转面是光滑的,没有明显的棱线,所以,在解决这种位置旋转面投影画法问题时,很重要的一点就是要搞清楚该旋转面各投影外形线及其投影对应关系。

6.2.1 圆柱体

图6-1所示的圆柱体的轴线是铅垂线。它的水平投影为一圆,有积聚性,圆柱面上任何点和线的水平投影都积聚在这个圆上。圆柱体的其他两个投影是形状相同、大小相等的两个长方形线框。

图6-1(a)表示了圆柱面向 V 面投影时,必有一组投影线与圆柱面相切,形成两个与圆柱面相切于素线 AA_1 和 BB_1 的切平面,素线 AA_1 和 BB_1 与它们的 V 投影 $a'a_1'$ 和 $b'b_1'$ 就是圆柱面的 V 投影外形线。同时还可以看出,对 V 方向而言,外形线 AA_1 和 BB_1 将圆柱面分为可见与不可见的两部分,前半部可见,后半部不可见。

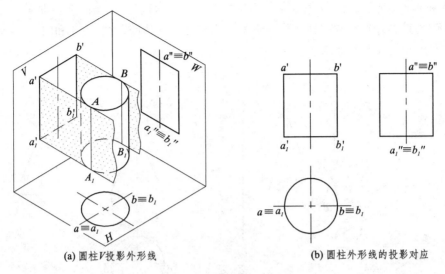

(a) 圆柱V投影外形线   (b) 圆柱外形线的投影对应

图6-1 圆柱面向V面投影

由于旋转面是光滑的,所以AA_1和BB_1的W投影没有必要画出。但其对应位置$a''a_1''$和$b''b_1''$与轴线重合;其H投影积聚成点$a \equiv a_1$,$b \equiv b_1$。

图6-2则表示了旋转面外形线的另一个特点——外形线的方向性,即外形线是随着投影方向而变化的。不同方向的外形线对应着旋转面上不同位置的素线。CC_1和DD_1是圆柱面上W方向的外形线。对W方向而言,它们将圆柱面分成两部分,左半部可见,右半部不可见。$c''c_1''$和$d''d_1''$是圆柱面的W投影外形线,CC_1和DD_1的V投影$c'c_1'$和$d'd_1'$与轴线重合;其H投影积聚成点$c \equiv c_1$,$d \equiv d_1$。

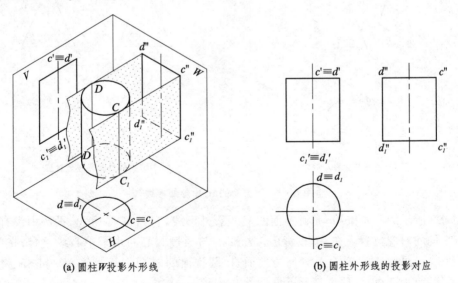

(a) 圆柱W投影外形线   (b) 圆柱外形线的投影对应

图6-2 圆柱面向W面投影

6.2.2 圆锥体

图6-3所示的圆锥体的轴线垂直于H面,其V和W投影是两个全等的等腰三角形,其

H 投影无积聚性，顶点 S 的 H 投影 s 与圆锥底圆中心 H 投影——圆的中心重合。

圆锥面的投影外形线与圆柱面的投影外形线概念是一致的。图 6-3 和图 6-4 表示了圆锥面的投影外形线及其投影对应关系。

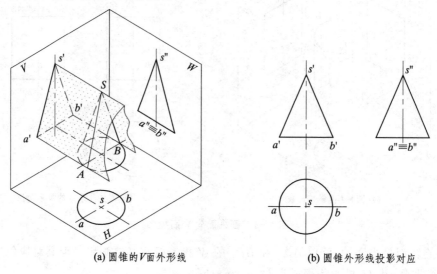

图 6-3　圆锥面的 V 投影外形线

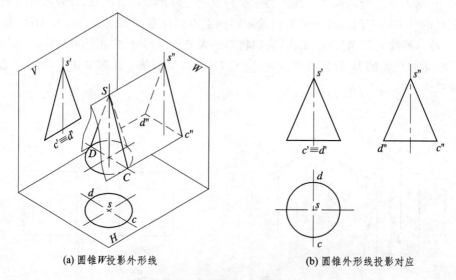

图 6-4　圆锥面的 W 投影外形线

图 6-3 所示的 $s'a'$ 和 $s'b'$ 是圆锥面的 V 投影外形线，它们在 H 和 W 投影中没有明显的线，但有它们的对应位置。在 H 投影中，sa 和 sb 与通过圆心的水平中心线重合；在 W 投影中，$s''a''$ 和 $s''b''$ 与圆锥轴线重合。对 V 方向而言，圆锥面的 V 投影外形线 SA 和 SB 将圆锥面分为两部分，前半部可见，后半部不可见。

图 6-4 所示的 $s''c''$ 和 $s''d''$ 是圆锥面的 W 投影外形线，它们在 V 和 H 投影中没有明显的线，但有它们的对应位置。$s'c'$、$s'd'$ 和 sc、sd 分别与 V 和 H 投影中的垂直中心线重合。对 W 方向而言，圆锥面的 W 投影外形线 SC 和 SD 将圆锥面分成两部分，左半部可见，右半部不可见。

6.2.3 圆球体

图 6-5 表示了圆球面的三面投影情况。对一个完整的圆球面而言,它的 V,H,W 投影都是直径相等的圆,其大小等于圆球的直径。这三个圆 k', l', m'' 就是圆球面的 V,H,W 投影外形线,它们是三个方向的大圆 K,L,M 的投影。

图 6-6 表示了圆球面的投影外形线及其投影的对应关系。球面上大圆 K 的 V 投影是圆 k'',其 H 投影 k 和 W 投影 k'' 均与中心线重合,不必画出。其他两个大圆 L 和 M 的投影,在三个投影上的对应关系也是类似的,读者可根据图自行分析。

关于可见性问题:对 V 方向而言,以大圆 K 为界,将圆球面分为前、后两部分,前半部可见,后半部不可见;对 H 方向而言,以大圆 L 为界,将圆球分为上、下两部分,上半部可见,下半部不可见;对 W 方向而言,以大圆 M 为界,将圆球面分为左、右两部分,左半部可见,右半部不可见。

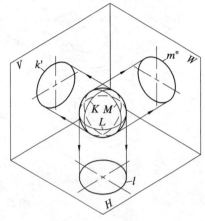

图 6-5 圆球面在三个投影面上的投影

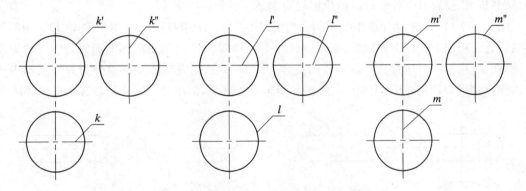

图 6-6 圆球面投影的外形线及其投影对应关系

6.2.4 圆环体

图 6-7(a)所示圆环体的轴线与 H 面垂直,图 6-7(b)表示了它的三面投影。圆环体由圆环面围成,圆环面的 V 投影外形线由圆和直线组成,圆即产生环面母线的真实形状。每个圆的外侧一半可见,表示外环面,画粗实线;内侧一半为不可见,表示内环面,画虚线。直线为二母线圆的公切线,它是圆环最高线(圆)的 V 投影,其水平投影与圆环中心线点画线圆重合。圆环面的 H 投影外形线是同心的大圆和小圆(圆环面的赤道圆和喉圆的投影),也是圆环面在 H 面上可见与不可见的分界线。点画线圆的直径等于 V 投影中两个小圆的中心距离。此外,点画线圆还是内外环面的分界线。点画线圆以外部分是外环面,点画线以内部分是内环面部分。圆环面的 W 投影形状与 V 投影相同,但它表示的却是左半环面。

图 6-8 至 7-11 所示为圆环面投影外形线的对应关系。

图 6-8 所示的 V 投影中两个外形线圆 d' 与轴线在同一个平行于 V 面的平面内。所以,

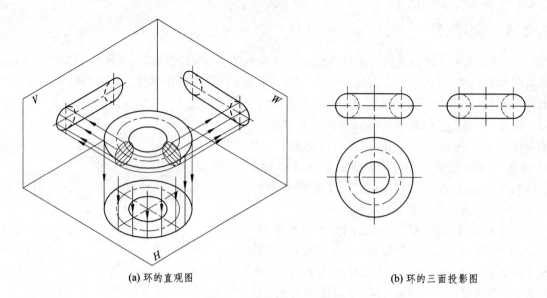

(a) 环的直观图   (b) 环的三面投影图

图6-7 圆环体的三面投影

它们的 H 和 W 投影积聚为一直线。其对应位置：d 与水平中心线重合；d'' 与轴线重合。同理，可分析 W 投影两个外形线圆的投影对应关系。

图6-9中 V 和 W 两个外形线圆的公切线 d'、d'' 和 t'、t'' 也是圆环面在 V 和 W 投影中的外形线。它们对应于实物上的两个圆——$M(m',m)$ 和 $N(n',n)$ 点在圆环面形成过程中的运动轨迹，在 H 投影的对应位置与点画线圆重合。圆 D 和 T 把完整的圆环面分为外环面和内环面。在绕轴线旋转过程中，半圆 $M3N$ 的轨迹形成外环面，而半圆 $M4N$ 的轨迹形成内环面。

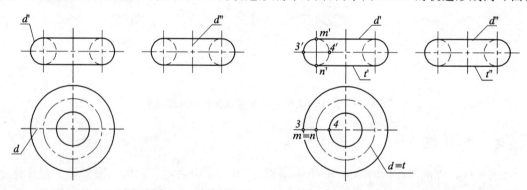

图6-8 V 投影中两个外形线圆的投影对应关系   **图6-9 圆环面在 V 和 W 投影中的外形线**

图6-10中 H 投影外形线圆 l 在 V 和 W 投影中积聚为直线 l' 和 l''，其对应位置与两外形线圆中心的水平线重合。对 H 方向而言，L 是外环面上半部与下半部的分界线，上半部可见，下半部不可见。

图6-11中 H 投影外形线圆 S 在 V 和 W 投影中积聚为直线 s' 和 s''，其对应位置与图6-10中的 l' 和 l'' 重合且是不可见的，因为 S 和 L 同在一个水平面内。对 H 方向而言，S 是内环面上、下两部分的分界线，上半部可见，下半部不可见。

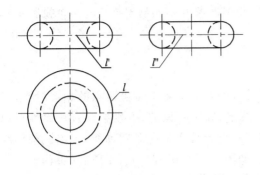
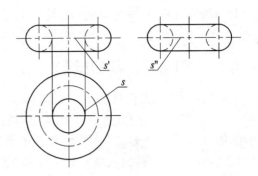

图 6-10　圆环外环面 H 投影外形线圆　　　　图 6-11　圆环内环面 H 投影外形线圆

6.3　旋转面上点的投影

要确定旋转面上点的投影,必须满足"面上取点"的几何条件,即首先过该点在曲面上取一条辅助线,先求出此辅助线的投影,再根据从属性确定点的投影。不过,在曲面上取辅助线时应取最简单易画的线——圆或直线。这就需要根据曲面的性质和作图方便来选取。对圆柱面和圆锥面,既能选取纬圆,又能选取直线;对圆球面和圆环面,则只能选取纬圆。图 6-12 所示为旋转面上取点的基本原理。图中,素线 SB 或正截口圆 M 都在圆锥面上,如果点 A 在 SB 或 M 上,则点 A 必在此圆锥面上。

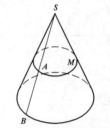

图 6-12　旋转面上取点的基本原理

6.3.1　圆柱面上点的投影

圆柱面上点的位置的确定,视其所依附的素线而定。如点的投影在圆柱面的投影外形线上,则由外形线的对应关系即可找到它的相应投影,图 6-13(a)显示了这种情况。

图 6-13(b)所示为不在圆柱面的外形线上点的投影。根据圆柱面上 A 点的 a' 求出 a'' 的

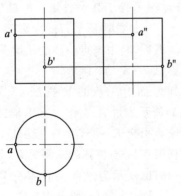
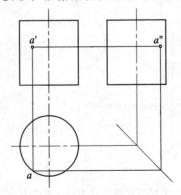

(a) 外形上点的投影对应　　　　　　　(b) 圆柱面一般点的投影作图

图 6-13　圆柱面上点的投影

作图过程是：已知 a'，就可以利用圆柱在 H 面上有积聚性求出 a，然后根据点的两个投影 a' 和 a 求出第三个投影 a''。

6.3.2　圆锥面上点的投影

如果点的投影在圆锥面的外形线上，则由外形线的对应关系即可确定点的相应投影，如图 6-14(a)所示。若点的投影不在圆锥面的外形线上，即圆锥面的 H 投影没有积聚性可以利用，则可利用"面上取点"的原理，即首先通过该点在圆锥面上取一条辅助线，求出此辅助线的投影，再根据点和线的从属关系定出点的投影。如图 6-14(b)和(c)所示，已知锥面上一点的 a' 求 a 和 a'' 的情形。其中，图(b)所示为过 A 点作一辅助水平面，交圆锥面于一纬圆。该纬圆的 V 投影为过 a' 的一条水平线；其 H 投影为一圆，半径为 cs。然后利用点 A 和纬圆的从属关系，求得 a 和 a''。图(c)所示为过锥顶作辅助线 SB 的方法求 a 和 a''。

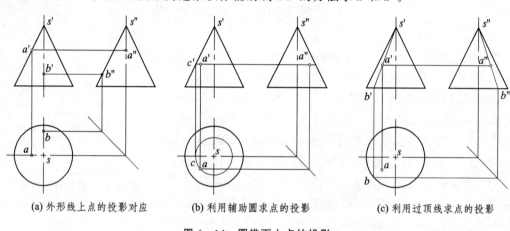

(a) 外形线上点的投影对应　　(b) 利用辅助圆求点的投影　　(c) 利用过顶线求点的投影

图 6-14　圆锥面上点的投影

6.3.3　圆球面上点的投影

如果点的投影在圆球面的外形线上，则由外形线的对应关系即可确定点的投影，如图 6-15 所示。如果点的投影不在圆球面的外形线上，可过此点作平行于某一投影面的辅助平面与圆球面相交于一圆。此圆所平行的投影面上反映真实形状（圆）。然后，利用该点与圆的从属关系，可作出点的各投影，如图 6-16 所示。

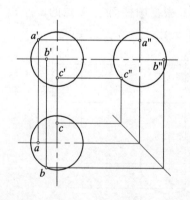

图 6-15　点的投影在圆球面的外形线上

设已知球面上一点的 V 投影 a'，求 a 和 a''。图 6-16(a)所示为过 A 点作一水平辅助平面 P，P 平面与圆球面相交于一圆，其 H 投影反映真实形状（圆）。再利用点 A 与该圆的从属关系，可定出 a 和 a''。图 6-16(b)所示为过 A 点作平行 W 面的辅平面求 a 和 a''。图 6-16(c)所示为已知 a 求 a' 和 a''，所选辅平面过 A 点且平行于 V 面。

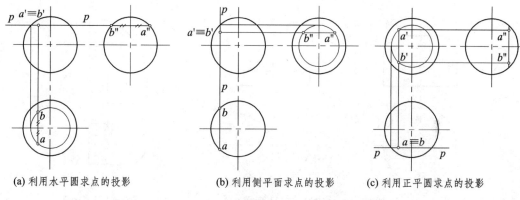

(a) 利用水平圆求点的投影　　(b) 利用侧平面求点的投影　　(c) 利用正平圆求点的投影

图 6-16　圆球面上点的投影

6.4　简单组合体

前述均是介绍单个的旋转体,而实际上物体常是以组合体形式出现的。现举几种常见的简单组合体,以说明不同的组合形式。

图 6-17 所示为四棱柱与圆柱的组合体。在画投影图时应注意:图(a)中棱柱的前后侧面与圆柱面相交于直线,应将交线画出;图(b)中棱柱的前后侧面与圆柱面相切,没有交线,因此不应画线;图(c)中同样没有明显的交线,也不应画线,但 a' 应由 H 投影的切点 a 确定。

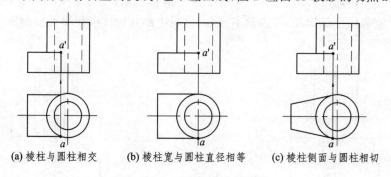

(a) 棱柱与圆柱相交　　(b) 棱柱宽与圆柱直径相等　　(c) 棱柱侧面与圆柱相切

图 6-17　简单组合体的投影

图 6-18 是球与圆柱体的组合体。其中,图(a)中圆柱与球相交,在 V 投影上画出交线;图(b)所示的圆柱直径和圆球直径相等,它们的相互关系为相切过渡,故 V 投影不应画出交线。

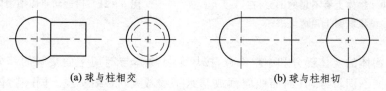

(a) 球与柱相交　　(b) 球与柱相切

图 6-18　球与圆柱的组合体

图 6-19 所示为圆柱与圆环组合的几种常见形式。圆柱面与圆环面的连接处,均为相切过渡,因此,在连接处不应画出线。图(a)为圆柱面与外环面相切;图(b)为小圆柱面、大圆柱体端面与内环面相切;图(c)为直径等于圆环面母线圆直径的圆柱面与圆环面相切。

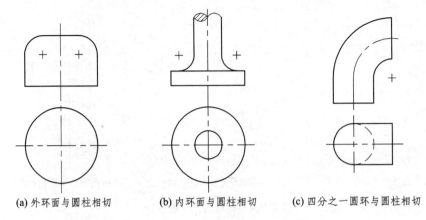

(a) 外环面与圆柱相切　　(b) 内环面与圆柱相切　　(c) 四分之一圆环与圆柱相切

图 6-19　圆柱与圆环组合的几种常见形式

6.5　表示物体内部形状的方法——剖视

1. 什么是剖视图

物体上看不见的部分,在投影图上可用虚线表示,如图 6-20 所示。如果物体内部结构较复杂,虚线就很多,影响图形清晰,既不便于看图,又不便于标注尺寸。在实际工作中,常采用剖视方法来表示物体的内部结构,即用一个假想的剖切平面,平行于某投影面,沿物体内部结构的主要轴线将物体全部切开,移去前半部分,将后半部分物体向投影面投影所得到的视图叫做全剖视图,如图 6-21 所示。

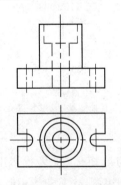

图 6-20　物体上看不见的部分,在投影图上用虚线表示

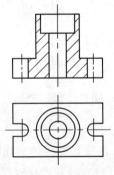

图 6-21　用剖切平面把物体剖开

为了区别物体的实体部分和中空部分,按规定将物体与剖切平面接触的部分画上剖面符号。金属材料的剖面符号,其剖面线应画成与水平线成 45°的细实线。同一物体在各个投影上的剖面线方向、间隔应该相同。

2. 画剖视图应注意的问题

画剖视图时应注意的问题如下:

① 用剖切平面把物体剖开得到剖视图是一种假想的方法。所以,当某一个投影画成剖视

后,在画其他投影时,仍应完整画出,如图 6-21 所示的 H 投影。

② 剖切平面一般应通过物体的对称平面或轴线,并平行于某一投影面。

③ 在剖视图中,凡是位于剖切平面后面的可见线,都要用粗实线画出,不能遗漏;不可见线一般不必画出。

3. 半剖视

当物体为对称形状时,常用半剖视表示,即一半画剖视以表示内部形状,一半画外形以表示外部形状。图 6-22 中 V 和 W 都是半剖视图。半剖视图以对称轴作剖与未剖的分界线,在分界处只画点画线,而不画粗实线。半剖视图的优点是在一个投影上,既能表示物体的内部形状,又能表示物体的外部形状。在一半外形图上不必画出虚线。

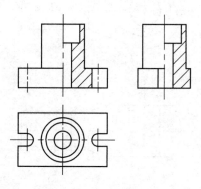

图 6-22 半剖视图

第7章　平面与曲面相交

在工程上经常遇到平面与立体表面的交线问题,如图7-1中箭头所示。本章讨论怎样分析并求出这类交线的投影。

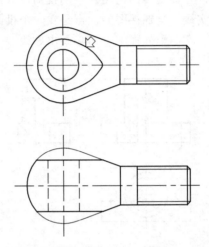

图7-1　平面与立体表面的交线

平面与立体相交分为平面与平面立体相交和平面与曲面立体相交两类。前者已在平面立体章节中讨论过。本章只讨论平面与曲面立体相交。

7.1　截交线的基本概念

平面与立体相交,可以看作是立体被平面所截。此平面称为截平面。截平面与立体表面的交线称为截交线。

为了求得截交线,首先应当了解截交线的下列性质:

性质1　截交线是截平面和被截立体表面的共有线,是由截平面和立体表面的一系列共有点集合而成。

性质2　由截交线所围成的图形,是封闭的平面图形,一般称为截口。当截平面与平面立体相交时,其截口为封闭的平面折线;当截平面与曲面相交时,其截交线一般为封闭的平面曲线。显然,当同一截平面既与平面相交,又与曲面相交时,所得截口是由平面折线和曲线组合而成的封闭的平面图形。

由性质1求截交线的问题,可归结为求出截平面与被截立体表面的共有点的问题。其基本方法仍是积聚性法或者辅助面法,求出一系列共有点后,将它们连成光滑的曲线或折线。

由性质2可判断所求截交线是平面曲线还是平面折线,避免盲目作图。

7.2 截交线的投影作图

曲面立体的类型不同、截平面与曲面立体的相对位置不同，截交线的形状也不同。同一截交线由于截平面对投影面的位置不同，其投影也不完全相同，因此，在求截交线的投影之前，应对其形状进行分析，以了解其几何特性和使作图准确。例如，当知道截交线为圆时，如果它平行某一投影面，则在该面上的投影为圆；如果它倾斜某一投影面，则在该面上的投影为椭圆。下面介绍几种常见旋转面的截交线及其作图问题。

7.2.1 平面与圆柱相交

由于截平面与圆柱轴线的相对位置不同，圆柱面的截交线有三种情况——圆、椭圆或与轴线平行的二直素线，如表 7-1 所列。

表 7-1 圆柱面的截交线

截平面位置	与轴线平行	与轴线垂直	与轴线倾斜
截交线形状	平行二直线	圆	椭 圆
轴测图			
投影图			

求圆柱的截交线，是利用圆柱面在其轴线所垂直的投影面上投影有积聚性这一特点，把求截交线的问题转化为圆柱面上取点的问题。

例 7-1 求开槽圆柱的 W 投影（见图 7-2）。

解 从已知投影可分析出槽口是由两个与轴线平行的侧平面 P、Q 和一个与轴线垂直的水平面 R 切割而成。前者与圆柱面相交于二平行的直素线，后者与圆柱面交于与轴线垂直的圆弧。此外，P 和 Q 与 R 还分别相交于正垂线 BD 和 EF。

由于平面 P 为侧平面，故 P 与圆柱面的交线 AB 和 CD 的 V 投影与 P_V 重合。又因圆柱的轴线垂直于 H 面，所以 AB 和 CD 的 H 投影积聚为圆上的两个点（$a\equiv b, c\equiv d$）。平面 Q 的情况与 P 相同。由于平面 R 是水平面，故 R 与圆柱面的交线 BGF（还有后面对称的一段未标明）的 V 投影 $b'g'f'$ 与 R_V 重合，H 投影 bgf 与圆柱面的 H 投影（圆周）重合。

与图 5-12 相似，侧投影外形线（$g''s''$）已不存在，应退缩成 $a''b''$。

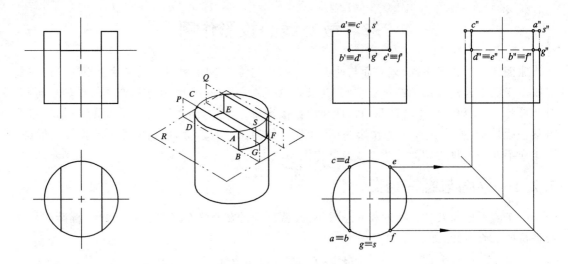

图 7-2 求开槽圆柱的 W 投影

例 7-2 圆柱与四棱柱相交,求其 W 投影(见图 7-3)。

解 本题的交线的性质和投影与例 7-1 是完全相同的。因为,四棱柱除了前后端面外,同样是两个与圆柱轴线平行的侧平面和一个与圆柱轴线垂直的水平面与圆柱面相交。另外,由于四棱柱与圆柱是一体的,故 W 投影上没有虚线部分。与图 5-11 比较,很明显圆柱的 W 投影外形线也应退缩。

例 7-3 求开槽后空心圆柱的 W 投影(见图 7-4)。

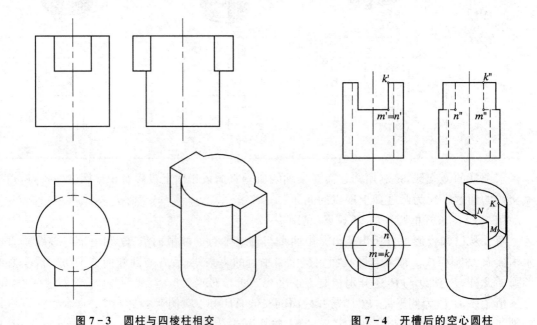

图 7-3 圆柱与四棱柱相交　　　　图 7-4 开槽后的空心圆柱

解 本题的交线从性质和作图上看,与例 7-1 完全相同。不同的是空心圆柱有内外两个圆柱面,而 P,Q,R 三个平面同时都与内外圆柱面相交,因而产生了两层交线。

先画出整个空心圆柱的 W 投影,然后再分别求出槽与外圆柱面和内圆柱面的两层交线。同样,要特别注意由于开槽而引起的外形线的变化。在 W 投影中,内外圆柱面的外形线都被切掉了一段,所以外形线不存在了,看到的是槽的平面与圆柱的交线。这是个投影规律,但又最常出现错误,与平面截交线相似也称它为外形线退缩,即当在圆柱中间部分开槽时,在另一投影一定会出现外形线退缩现象。另外,还要注意的是,由于圆柱是空心的,所以槽底平面 R 被圆孔分割成两部分,故在 W 投影上的 $m''n''$ 之间不应画线。

例 7-4 求正垂面 P 与圆柱的截交线的投影(见图 7-5)。

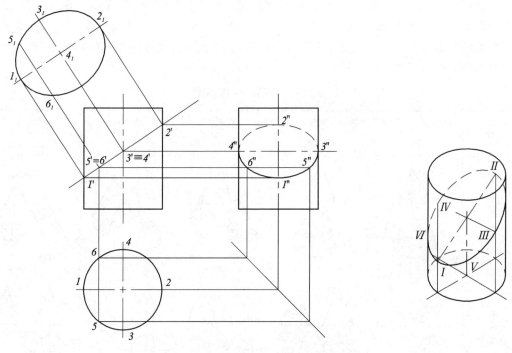

图 7-5 求正垂面 P 与圆柱的截交线

解 因为平面 P 与圆柱轴线斜交,所以截交线为椭圆。截交线的 V 投影积聚在 P_V 上,截交线 H 投影积聚在圆柱面的 H 投影(圆周)上。故截交线的 V 和 H 两个投影均为已知。利用圆柱面上取点的方法,可求出其 W 投影。本题中椭圆 W 投影仍为椭圆(但不反映真形),作图时应先找出长短轴的端点,然后再求出适当数量的一般点,把它们连成光滑的曲线即可(一般点的数量愈多,所画的曲线愈准确,但作图线随之增多,影响图面清晰;过少,准确性较差)。

椭圆的长轴 Ⅰ 和 Ⅱ 为正平线,其端点的 V 投影 $1'$ 和 $2'$ 位于圆柱面的外形线上,且反映了长轴的实长。由于长短轴相互垂直平分,故短轴 Ⅲ 和 Ⅳ 为正垂线,其端点的 V 投影位于 $1'2'$ 的中点处,且重合为一点($3'≡4'$)。Ⅰ,Ⅱ,Ⅲ,Ⅳ 点的 H 投影都积聚在圆周上,利用外形线的对应关系,可直接求得它们的 W 投影 $1'',2'',3'',4''$。$3''4''$ 是 W 投影中椭圆的长轴,$1''2''$ 是其短轴。

一般点 Ⅴ 和 Ⅵ 的求法,可先在有积聚性的 P_V 上的适当位置定出 $5'≡6'$,再找到它们的 H 投影 5 和 6(在圆周上),即可求出它们的 W 投影 $5''$ 和 $6''$。

求得了椭圆上一系列点后,即可光滑地连成椭圆。

作图中要注意截交线与外形线的相互关系。本例中,空间椭圆与圆柱面 W 投影的外形线相切于 Ⅲ 和 Ⅳ 两点,故此椭圆的 W 投影必与圆柱面 W 投影的外形线相切,切点即为 $3''$ 和 $4''$。

还要注意区分可见性。今后约定,截平面 P 若不是形体上固有的,在区分可见性时就不考虑它,只根据交线在形体表面上的部位来判别。Ⅲ、Ⅱ、Ⅳ位于圆柱的右半部,所以3″2″4″不可见;3′和4′两点即是 W 投影中可见性的分界点。图7-5中还画出了斜截口的真形,它是用换面法确定其上一系列的点后作出的。

7.2.2 平面与圆锥相交

由于截平面与圆锥轴线的相对位置不同,其截交线可有五种形式——两相交直线、圆、椭圆、抛物线和双曲线(见表7-2),统称为圆锥曲线。这些截交线中,直线和圆容易求出,其余三种则需要利用素线法、纬圆法等在圆锥面上取点来求出。素线法是通过作出锥面上诸素线与截平面的穿点的方法来得到交线上的点;纬圆法是在圆锥面上作一系列的纬圆,求出这些纬圆与截平面的交点。然后,光滑地连接这些交点以得到截交线。

表7-2 圆锥面的截交线

截平面位置	与轴线垂直,$\theta=90°$	与轴线倾斜,$\theta>\alpha$	平行一根素线,$\theta=\alpha$	平行两根素线,$\theta<\alpha$	过锥顶
截交线形状	圆	椭圆	抛物线	双曲线	相交二直线
轴测图	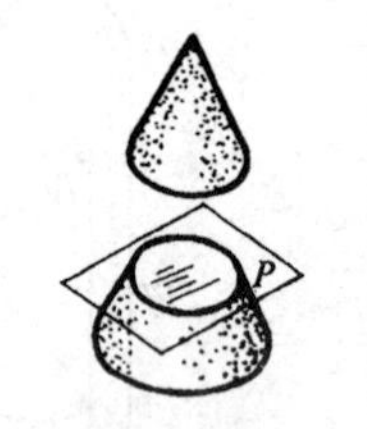	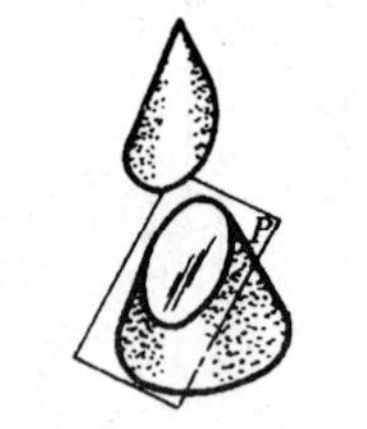	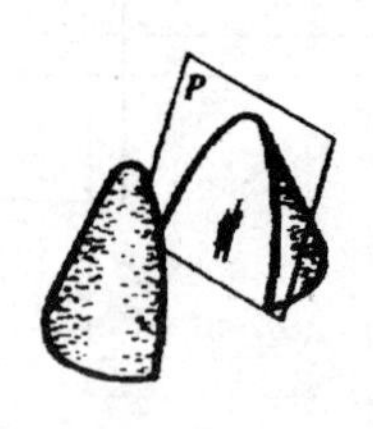		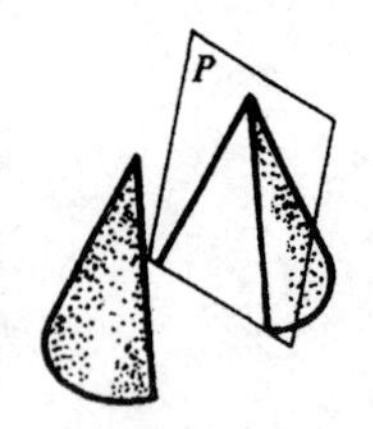
投影图	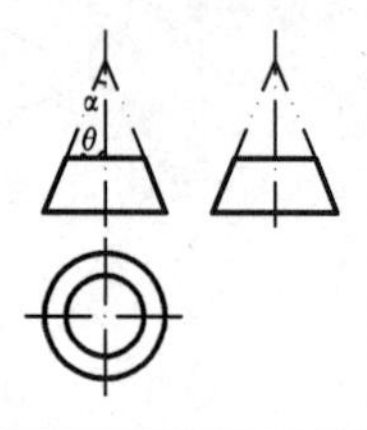	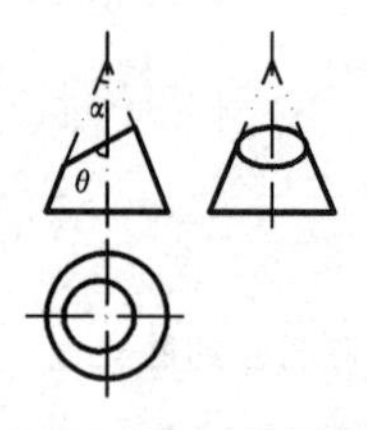	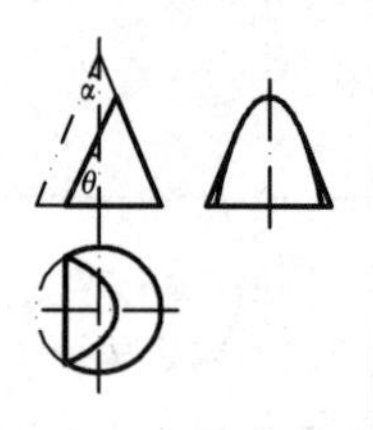	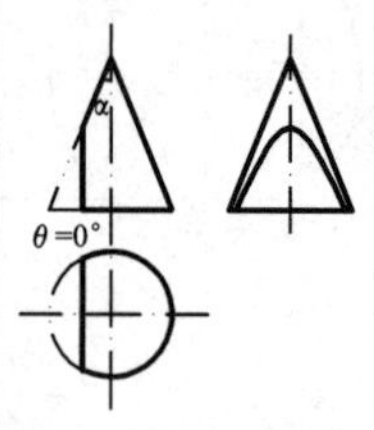	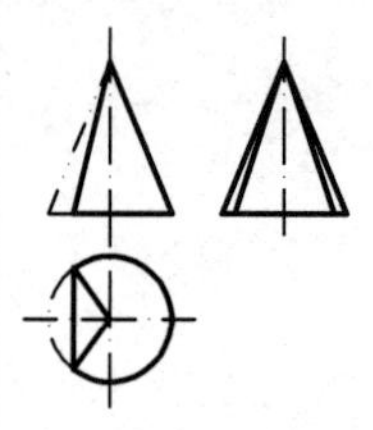

例7-5 如图7-6所示为一直立圆锥被正垂面截切,求截交线的 H 和 W 投影。

解 对照表7-2可知,截交线为一椭圆。由于圆锥前后对称,所以此椭圆也一定前后对称。椭圆的长轴就是截平面与圆锥前后对称面的交线(正平线),其端点在最左、最右转向轮廓线上,而短轴则是通过长轴中点的正垂线。截交线的 V 投影积聚为一直线,其 H 投影和 W 投影通常均为一椭圆。

作图如下:

① 求特殊点 最低点Ⅰ、最高点Ⅱ是椭圆长轴的端点,也是截平面与圆锥最左、最右素线的交点,可由 V 投影1′和2′作出 H 投影1和2及 W 投影1″和2″。圆锥的最前、最后素线与截平面的交点为Ⅴ和Ⅵ,其 V 投影5′(6′)为截平面与轴线 V 投影的交点,根据5′(6′)作点5″、6″,再由5′(6′)和5″、6″求得5和6;椭圆短轴在 V 面上的端点为Ⅲ和Ⅳ,其 V 投影3′(4′)应在1′和2′的中点处,H 投影3和4可利用辅助纬圆法求得,再根据3′(4′)和3、4求得3″和4″。

② 求一般点 为了准确作图,在特殊点之间作出适当数量的一般点,如Ⅶ和Ⅷ两点,可用辅助纬圆法作出其各投影。

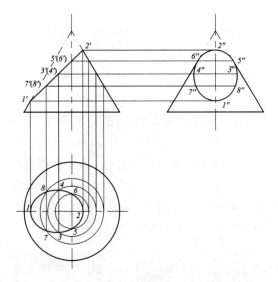

图 7-6　一直立圆锥被正垂面截切

③ 依次连接各点即得截交线的 H 投影和 W 投影。

例 7-6　求正平面 P 与圆锥面的截交线（见图 7-7）。

解　因截平面 P 平行于锥面的两条素线 SA 和 SB，$\theta < \alpha$，故截交线为双曲线的一支。截交线的 H 投影积聚在 P_H 上，只须求出其 V 投影。V 投影反映真形。

采用纬圆法作图。先求出最高点 Ⅰ（距锥顶 S 或锥轴最近的点）和最低点 Ⅱ、Ⅲ（距锥顶 S 或锥轴最远的点）等特殊点的 V 投影。2 和 3 两点是 P_1 与圆锥底圆的交点，$2'$ 和 $3'$ 可直接求出。点 Ⅰ 的水平投影 1 在 2 和 3 的中点处，以 s 为中心，$s1$ 为半径作圆，求出此圆的 V 投影即可得到 $1'$。同法可求得一般点 $4'$ 和 $5'$。然后将 $2'4'1'5'3'$ 连成曲线，注意 $1'$ 点不应是尖点，如果需要应多求几个一般点。

$1'$ 也可由 W 投影来确定。

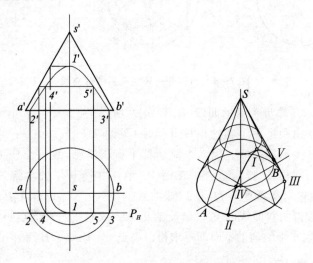

图 7-7　正平面 P 与圆锥面的截交线

例 7-7 分析圆锥开三棱柱孔后的截交线(见图 7-8)。

解 与圆锥截交的是棱柱孔的三个侧面,设分别用 P,Q,R 表示。因为它们都垂直于 V,所以 P_V, Q_V, R_V 都有积聚性。

因为平面 P 只平行锥面的一条素线 SM,故截交线为抛物线,顶点为 G,$\overset{\frown}{AC}$ 和 $\overset{\frown}{BD}$ 是此抛物线的两段弧;

平面 Q 与锥轴倾斜且与锥面的所有素线相交,故截交线为椭圆,$\overset{\frown}{AE}$ 和 $\overset{\frown}{BF}$ 是此椭圆的两段弧,$s'm'$ 和 $s'n'$ 与 Q_V 的交点 h' 和 k' 即长轴端点 H 和 K 的 V 投影;

平面 R 与锥轴垂直,故截交线为圆周,$\overset{\frown}{CE}$ 和 $\overset{\frown}{DF}$ 是此圆周的两段圆弧。

这些截交线彼此相交于 A,B,C,D,E,F。平面 P,Q,R 彼此还相交于正垂线 AB,CD,EF。这些正垂线与圆锥面的穿点即是 A,B,C,D,E,F。

由于开孔,在 W 投影中,圆锥的外形线被截去了一段,椭圆与圆锥的外形线相切于 t'' 和 l'',抛物线段与圆锥的外形未相切。

为了能准确判断曲线段的走向,同时也为了便于理解,H 投影中用细线补出了截交线的完整形状。图 7-8 中还给出擦去多余线后的图形。

截交线上其他点的求法,可用素线法、纬圆法或辅助平面法,可参考前面几个例子。

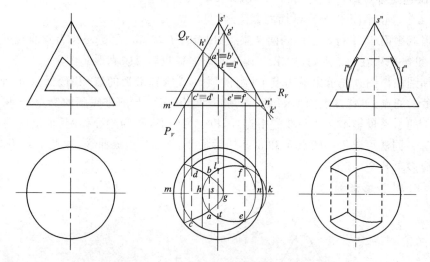

图 7-8 圆锥开三棱柱孔后的截交线

例 7-8 分析六角螺母头部的曲线,如图 7-9 所示。

解 六角螺母是由圆锥面 I 和六棱柱 II 组成(见图 7-9(a)),头部的曲线是六棱柱的侧面与圆锥面相交而产生的截交线。因六个侧面都平行于锥轴,故截交线为六条双曲线。前半部三条与后半部三条对称,V 投影重合。在图 7-9(b)中分析了前半部三条。设六个侧面为 $P_1,P_2,\cdots,P_6$,因为它们都垂直于 H,所以双曲线的 H 投影都重合在 $P_{1H},P_{2H},\cdots,P_{6H}$ 上。P_2 是正平面,它所截得的双曲线的 V 投影反映真形。双曲线的最低点 $A_1,A_2,\cdots,A_6$ 可直接求出;利用纬圆法或取水平的辅助平面即可求得最高点 $B_1,B_2,\cdots,B_6$ 和一般点 $M_1,M_2,\cdots,M_6$。

7.2.3 平面与球相交

平面与球面相交时,截交线总是圆。圆心位于球的轴线上。圆的大小随平面离球心的远

第7章　平面与曲面相交

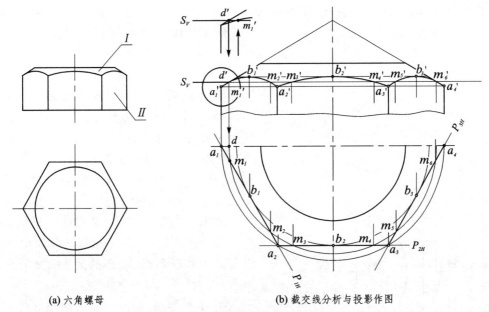

(a) 六角螺母　　　　　(b) 截交线分析与投影作图

图7-9　六角螺母头部的截交线

近而异。由于截平面对投影面的位置不同,截交线圆的投影可能是圆也可能是椭圆。当平面平行于投影面时,在该面上的投影反映真形;当平面倾斜于投影面时,圆投影成椭圆。

例7-9　半圆球被水平面和侧平面截割,求截割后的 H 和 W 投影。

解　水平面 P 截球面为水平圆的一部分,如图7-10(b)所示,圆心为 O_1,半径为 O_1' 至 P_V 与外形线的交点 m' 之长 $O_1'm'$,H 投影反映真形。侧平面 Q 与球面交于侧平圆的一部分,圆心为 O_2,半径为 O_2' 至 Q_V 与外形线的交点 n' 之长 $O_2'n'$,W 投影反映真形。此两圆弧交于 A 和 B 两点,P 和 Q 二平面交于正垂线 AB。

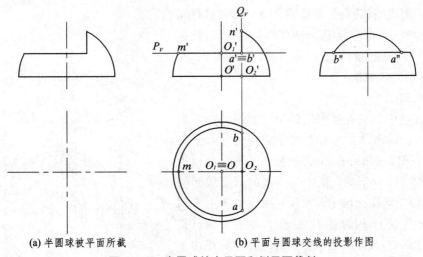

(a) 半圆球被平面所截　　　(b) 平面与圆球交线的投影作图

图7-10　半圆球被水平面和侧平面截割

作图如下:

有了水平圆和侧平面圆的圆心和半径,即可作图。

作图时要特别注意球面外形线的变化。在 W 投影中,由于 P 平面以上的那段外形线被切除了,因此不能再画出它的投影;而在 H 投影中,P 和 Q 都未切割到外形线,故仍是完整的。

例 7-10 分析圆球打孔后的投影(见图 7-11)。

解 设孔的三个侧面分别以 P,Q,R 表示。因为 Q 为侧平面,它与球面的截交线是一侧平圆,V 和 H 投影积聚为直线。R 为水平面,它与球面的截交线为一水平圆上的两段弧 $\overset{\frown}{AB}$ 和 $\overset{\frown}{CD}$,圆心为 O_1,半径长为 $O_1'1'$。H 投影反映真形。P 为正垂面,对 H 面倾斜。它与球的截交线圆在 H 上投影成椭圆,长、短轴各为直径 GH 和 EF 之投影。Q 与 R 交于正垂线 AC,P 与 R 交于正垂线 BD。R 的截交线和 Q 的截交线交于 A 和 C 两点,与 P 的截交线交于 B 和 D 两点。

在 H 投影中,椭圆与球面的外形线相切于 M 和 N 两点,弧 $\overset{\frown}{MB}$ 和 $\overset{\frown}{ND}$ 位于下半部球上,故不可见。R 上的圆弧 $\overset{\frown}{AB}$ 和 $\overset{\frown}{CD}$ 也各有一部分被球面挡住,因而也画成了虚线。

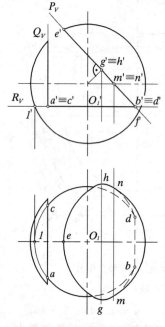

图 7-11 分析圆球开槽后的投影

7.2.4 平面与圆环相交

平面与圆环面相交,由于圆环面是四次曲面,截交线是四次曲线,其形状变化较大,常用的几种情况有:截平面与圆环轴线垂直、截平面过轴线、截平面与轴线平行、截平面与圆环面二重相切。它们所对应的截交面形状分别为二同心圆、二对称圆、四次曲线或双扭线、二相交圆。下面仅举一例说明,其余情况请感兴趣的读者自行完成。

例 7-11 求正垂面 P 与圆环面的截交线(见图 7-12)。

解 P 为正垂面,截交线的 V 投影积聚在 P_V 上,H 投影为一般曲线。

作图如下:

先根据对应关系直接求出外形线上的特殊点的 H 投影 $1,2,3,4,5,8$。再取垂直于旋转轴的水平面 R 作辅助平面,求出一般的点 6 和 7。作图过程为 P_V 与 R_V 交于 $6'\equiv 7'$,作出 R 与环形的截交线圆的 H 投影,6 和 7 即在此圆上。4 和 5 两点位于上下两半环面的分界线上,因此在 H 投影中,4 和 5 两点是可见性的分界点,截交线的投影与圆环赤道圆相切于这两点,弧 $\overset{\frown}{57864}$ 位于环的下半部,不可见。显然,为了将 $\overset{\frown}{523}$ 连线,须作辅助面 Q,至少再得两个点。

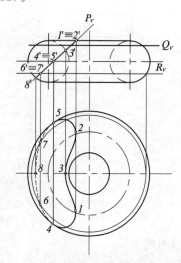

图 7-12 求正垂面 P 与圆环面的截交线

7.3 组合体的截交线

组合体是由基本形体组合而成。组合体的截交线是由基本形体的截交线连接而成。因此,求组合体的截交线要分两步:① 求出各基本几何体的截交线;② 将各段截交线正确地连接起来。一般情况下,两个基本几何体表面若相交,则截平面截得的二截交线也相交,交点即为两基本形体表面交线与截平面的交点。特殊情况下,若两基本形体表面相切,则二截交线也相切,切点就是两基本形体表面的切线与截平面的交点。

求组合体截交线的具体步骤是:

① 形体分析。分析组合体是由哪些基本几何体组成的,它们之间是如何连接的(相交、堆垒还是相切)。

② 找出各形体表面的分界线,进而找出此分界线与截平面的交点(即各段截交线的连接点)。

③ 分别完成各段截交线的作图,画出实际存在的部分。

例 7-12 正平面 P 与组合体截交,分析截交线的投影(见图 7-13)。

解

① 组合体是由半球、圆柱和圆锥台组成,具有公共的轴线(铅垂线 $O-O$)。圆柱面与圆球面相切、与圆锥面相交,切线和交线就是它们的分界线。

② P 平面与这三个形体都截交了,圆柱面、圆球面的切线圆与截平面的交点即为圆柱面的截交线与圆球面的截交线的切点 A 和 B。同理,圆柱面与圆锥面的交线圆与截平面的交点即为圆柱面截交线与圆锥面截交线的交点 C 和 D。

③ 分别作出各段截交线。半球面的截交线为半圆弧 $\overset{\frown}{AB}$;圆柱面的截交线为二平行素线 AC 和 BD;圆锥台的截交线为双曲线的两段弧 $\overset{\frown}{CE}$ 和 $\overset{\frown}{DF}$。具体作图不再赘述。为了便于读者理解,图中用细线画出了圆锥的外形线和双曲线的有关部分。

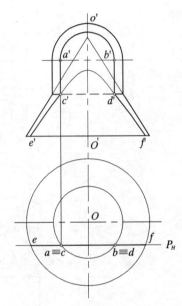

图 7-13 正平面 P 与组合体截交

例 7-13 求图 7-14 所示零件的表面交线。

解

① 本零件是由圆球、圆锥和圆柱组成,三者共轴(侧垂线 OO)。圆锥面与圆球面相切、与圆柱面相交。

② 由 H 投影可知,平面 P 只与圆球面和圆锥面截交。求出圆球面与圆锥面的切线即分界线 C(侧平圆),C 与截平面的交点 Ⅰ 和 Ⅱ 即为圆球面的截交线与圆锥面的截交线的切点,在 V 投影中二截交线即切于 $1'$ 和 $2'$。

③ 分别作出各段截交线。圆球的截交线为圆弧 $\overset{\frown}{ⅠⅣⅡ}$;圆锥的截交线为双曲线 ⅠⅢⅡ。

例 7-14 组合体被正垂面 P 所截,求截断面的真形(见图 7-15)。

解

① 组合体为圆锥台Ⅰ和圆柱体Ⅱ组成,且打有圆孔Ⅲ,三者同轴。锥台Ⅰ与圆柱体Ⅱ的

上端面 K（平面）相连。

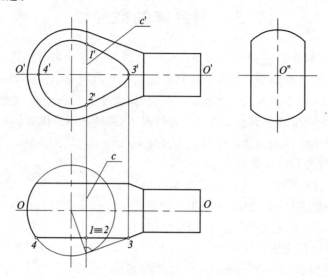

图 7-14 组合体的表面交线

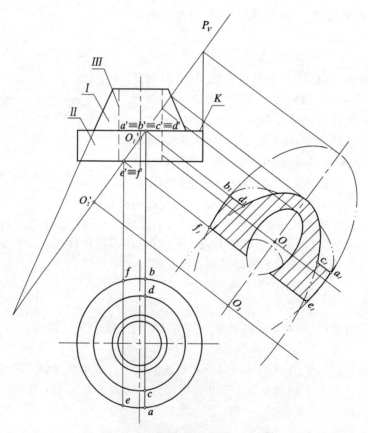

图 7-15 求截断面真形投影作图

② P 与圆锥台 Ⅰ、圆柱体 Ⅱ 和圆孔 Ⅲ 都截交。根据 P 与它们的相对位置，三者的截交线都是各自椭圆的一段。由于圆锥台 Ⅰ 和圆柱体 Ⅱ 不是曲面直接相连，而是与圆柱体 Ⅱ 的上端

面 K 相接，因此，圆锥台 Ⅰ 的截交线椭圆与圆柱体 Ⅱ 的截交线椭圆也不能直接相连。二者之间是由 P 与 K 相交的直线段（正垂线）AC 和 BD 连起来的。P 与圆柱体的底面也相交于正垂线 EF，且 EF 被断开。

③ 用换面法分别求出各形体的截断面真形。

在学习过程中，为了便于理解，建议用假想线补全各形体的截断面真形，如图 7-15 所示。

具体作图时，还应注意以下几点：

① 要注意各形体断面真形的相对位置，例如圆、椭圆等的中心和对称轴线等。本例中，圆柱体 Ⅱ 和圆孔 Ⅲ 上的椭圆同心（O_1），而圆锥台 Ⅰ 上的椭圆则与它们不同心（O_2）。

② 为便于分析和作图，可将局部形体完整化或延长。本例中，为了求圆柱体 Ⅱ 上椭圆的长轴以及求圆锥面上椭圆的中心 O_2，都将各自的 V 投影外形线延长。

③ 为了解题过程思路清晰，层次清楚，对于空心的组合体，可分成组合体的外表面和内表面两步，分别求出截断面真形。

例 7-15 求作顶针上的表面交线（见图 7-16）。

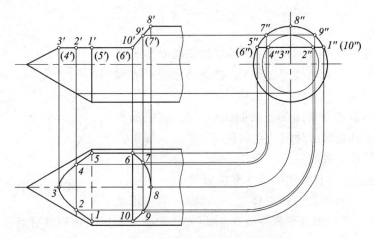

图 7-16 求作顶针上的表面交线

解 顶针的基本形体是由同轴的圆锥和圆柱组成。上部被一个水平截面 P 和一个正垂面 Q 切去一部分，表面上共出现三组截交线和一条 P 面与 Q 面的交线。由于截面 P 平行于轴线，所以它与圆锥面的交线为双曲线，与圆柱面的交线为两条平行直线。因截面 Q 与圆柱斜交，交线为一段椭圆曲线。由于平面 P 和圆柱的轴线都垂直于 W 面，所以三组截交线的 W 投影分别在截平面 P 和圆柱面的侧面积聚性投影上，而 V 投影分别在 P 和 Q 两平面的正面积聚性投影（直线）上。因此，本例只须求作三组截交线的 H 投影。

作图如下：截交线有三组，应先作出相邻两组交线的结合点。Ⅰ 和 Ⅴ 两点是双曲线与平行两直线的结合点；Ⅵ 和 Ⅹ 两点是椭圆曲线与平行两直线的结合点；Ⅲ 是双曲线上的顶点，位于圆锥 V 投影的外形线上；Ⅷ 是椭圆曲线上最右点，位于圆柱投影的外形线上。上述各点均为特殊点。Ⅱ、Ⅳ、Ⅶ、Ⅸ 分别是双曲线和椭圆曲线上的一般点。

第 8 章 曲面与曲面相交

本章进一步讨论两旋转体表面的相交问题,目的是说明如何求出这类交线的投影。

8.1 相贯线的基本概念

两个立体相交,称为相贯。两立体表面相交而产生的交线称为相贯线。图 8-1 中箭头所示即圆柱Ⅰ和Ⅱ相交而产生的相贯线。

平面立体相贯的问题在前面已经讨论过了。平面立体与曲面立体相贯的问题,可归结为平面与曲面相交问题,用第 7 章的方法解决。本节讨论曲面立体(只讨论旋转体)的相贯问题。

相贯线具有如下基本性质:
- 相贯线是两形体表面的共有线,是相交两立体表面上一系列共有点的集合。显然,它也是相交两表面的分界线。
- 相贯线一般都是封闭的。两曲面相贯时,它们的相贯线一般都是光滑封闭的空间曲线(特殊情况下为平面曲线或直线)。

由上述性质得出求相贯线的基本方法如下:

① 积聚性法 若相贯的两形体之一为圆柱,则利用此圆柱面在轴垂面上的投影有积聚性的特点,不必作图就可确定一系列共有点在此轴垂面上的投影。由于这些点也在另一形体表面上,就可求出这些点的未知投影,然后把它们光滑地连接起来。

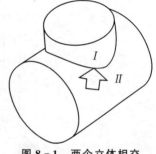

图 8-1 两个立体相交

② 辅助面法 依据"三面共点"的原理,用辅助面求出一系列共有点的投影,再把它们光滑地连接起来。

求相贯线的一般步骤:

① 分析两相贯形体投影特点,确定求相贯线的方法。

② 确定并求出相贯线上的特殊点(如相贯线的最高和最低点、最前和最后点、最左和最右点以及最凸、最凹和拐点等)。这些点是决定相贯线的分布范围、投影形状并区分可见性等的关键点,非常重要,应该求出足够的特殊点,否则会使相贯线失真(特别是复杂的相贯线),达不到预期效果。

③ 求一般点。根据连线的需要,求出适当数量的一般点。

④ 检查外形线与相贯线的关系,即检查外形线由于相贯是否被贯去了,以及外形线与相贯线的连接关系。

⑤ 判断可见性并连线。

8.2 用积聚性法求相贯线

例 8-1 两圆柱偏贯(轴线不相交),求相贯线的投影(见图 8-2)。

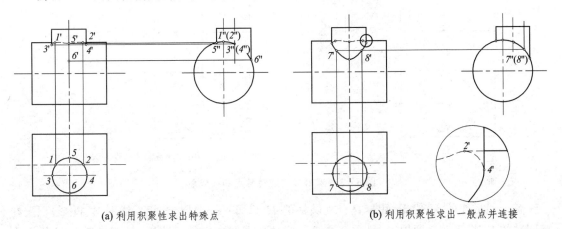

(a) 利用积聚性求出特殊点　　　　　　　(b) 利用积聚性求出一般点并连接

图 8-2 用积聚性法求相贯线

解 因两圆柱的轴线各自垂直于 H 和 W 面,故它们的相应投影有积聚性,相贯线的 H 投影积聚在小圆柱的 H 投影——圆上。相贯线的 W 投影积聚在大圆柱面的 W 投影上,且重合在小圆柱面外形线中间的一段弧上。相贯线的 V 投影待求,它可由已知的 H 和 W 投影的对应关系求得。具体步骤如下:

① 求出 V 投影中相贯线上的特殊点,如图 8-2(a)所示。圆柱和圆柱相贯的特殊点,主要是外形线上的点(即一圆柱面外形线对另一圆柱面的贯穿点)。大圆柱外形线上的点 $1'$ 和 $2'$,是由 H 投影中对应位置上的点 1 和 2 求得;小圆柱面外形线上的点 $3'$ 和 $4'$,是由 W 投影中 $3''$ 和 $4''$ 求得;投影中可直接得到的小圆柱面外形线上的点 $5''$ 和 $6''$,由 $5''$ 和 $6''$ 可定出 $5'$ 和 $6'$。

② 求出适当数量的一般点。本例求出了 $7'$ 和 $8'$,如图 8-2(b)所示。它们是根据圆柱面上取点的方法,由已知投影上的 7 和 8 定出 $7''$ 和 $8''$,然后再求出 $7'$ 和 $8'$。

③ 检查 V 投影中外形线与相贯线的关系。要注意两点:一是在空间,若相贯线与曲面某投影外形线相交时,则在该投影中一般与外形线相切,外形线的贯穿点就是切点,且相贯线只位于外形线的一侧。所以大圆柱的外形线与相贯线相切于 $1'$ 和 $2'$;小圆柱的外形线与相贯线相切于 $3'$ 和 $4'$(参见局部放大图)。二是要从相贯的两形体是一个整体来看相贯后外形线的变化。所以,大圆柱的外形线在 $1'$ 与 $2'$ 之间的一段就不再有了;小圆柱的外形线在 $3'$ 和 $4'$ 以下的也不再有了。另外,还应注意两相贯体的外形线是否在同一个平面上,以判断它们是相交还是交叉。本例中即是交叉情况。

④ 判别可见性。判别原则是:相贯两形体的表面都可见,相贯线才可见;否则,不可见。所以 $3'6'4'$ 可见,其余不可见。其中 $3'1'$ 和 $2'4'$ 虽然在大圆柱面的可见面上,但在小圆柱的不可见面上,故仍为不可见。

⑤ 连线。连线时要注意曲线的光滑性和封闭性。本例应连成一光滑的、封闭的曲线,$3'1'$ 之间与 $2'4'$ 之间不应断开(参见局部放大图)。

例 8-2 两圆柱正贯,求相贯线的投影(见图 8-3)。

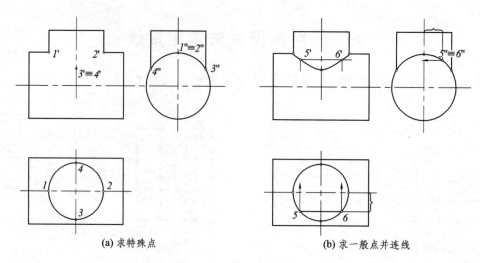

(a) 求特殊点　　　　　　　　(b) 求一般点并连线

图 8-3　求相贯线的特殊点和一般点

解　相贯线的 H 投影，积聚在直立圆柱的 H 投影——圆周上；相贯线的 W 投影，积聚在横圆柱的 W 投影——圆周上，且重合在直立圆柱外形线中间的一段弧上；相贯线的 V 投影可由它的 H 和 W 投影求出，其作图方法和步骤同前。这里应注意的是：由于相贯的两圆柱都具有平行于 V 的公共对称面，因此前后两部分相贯线的 V 投影重合，并且成为双曲线的一段，$3'$ 为其顶点。在 V 投影中，两圆柱的外形线相交，交点 $1'$ 和 $2'$ 即是相贯线上的点，顶点（最凸点）$3'\equiv 4'$ 由 $3''$ 和 $4''$ 求得。

在实际零件中相贯两形体的表面相交可有三种情形：两外表面相交，如图 8-4(a)所示；外表面与内表面相交，如图 8-4(b)所示；两内表面相交，如图 8-4(c)所示。但无论从相贯线的性质、形式和求法来看，都是相同的。因为不论是内表面或外表面，从几何上来看，性质都是一样的，所以，关于相贯线的所有论述和求法，都同样适用于两个内表面相交及内外表面相交的情况。

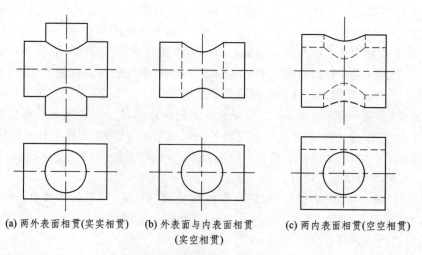

(a) 两外表面相贯(实实相贯)　　(b) 外表面与内表面相贯　　(c) 两内表面相贯(空空相贯)
　　　　　　　　　　　　　　　　(实空相贯)

图 8-4　相贯两形体的表面相交

8.3 用辅助平面法求相贯线

根据相贯线是相贯的两形体表面的共有线这一性质，可依据"三面共点"的原理利用辅助平面求得相贯线上的点。选择辅助平面的要求是：要使它与相贯的两形体表面的交线的投影是简单易画的线——直线或圆，以使作图简便、准确。

例 8-3 圆球和圆锥相贯如图 8-5 所示，求相贯线的投影。

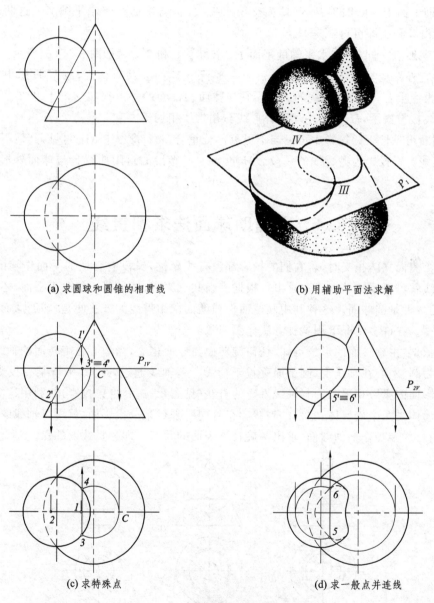

(a) 求圆球和圆锥的相贯线　　(b) 用辅助平面法求解

(c) 求特殊点　　(d) 求一般点并连线

图 8-5 用辅助面法求相贯线

解 因为圆球面和圆锥面的投影都无积聚性，故不能用积聚性法求解，现用辅助平面法。根据选择辅助平面的要求，本例只能选用水平面 P 作辅助面。其作图原理如图 8-5(b)所示：

作辅助平面 P_1 与圆球和圆锥相交,分别求出 P_1 与圆球和圆锥的截交线。这两条截交线在同一平面上,必定相交。其交点Ⅲ和Ⅳ即为圆球与圆锥面上的共有点,也就是所求相贯线上的点。同理取若干辅助平面,就可得一系列相贯线上的点。

作图如下:

① 求特殊点。因球与圆锥的轴线相交且具有平行于 V 的对称面,所以在 V 投影中球与锥的外形线是相交的,因此直接得到相贯线上的两个特殊点 $1'$ 和 $2'$,如图 8-5(c)所示,由 $1'$ 和 $2'$ 可得 1 和 2。H 投影中球面外形线上的点(即球面外形线与锥面的贯穿点),是通过球心作水平辅助平面 P_1 求出的,P_1 与球面交于水平大圆,与锥面交于水平圆 C。这两圆相交即得 3 和 4,由 3 和 4 即可得 $3'\equiv 4'$。

② 求一般点。同理,用水平辅助平面 P_2 求得 5,6 和 $5',6'$,如图 8-5(d)所示。

③ 检查外形线与相贯线的关系。由于有平行于 V 的公共对称面,故 V 投影中前后两条相贯线的投影重合,成为抛物线的一段。它与球面和锥面的外形线相交于 $1'$ 和 $2'$。$1'$ 与 $2'$ 之间的外形线被贯去了,H 投影中球面外形线与相贯线相切于 3 和 4 两点。

④ 判断可见性。V 投影中可见与不可见部分重合。H 投影中 314 可见,其他不可见。

⑤ 连线。V 投影为抛物线的一段。H 投影为一光滑的封闭曲线且与球面外形线切于 3 和 4 两点。

8.4 用辅助球面法求相贯线

当两个曲面立体相交时,若它们的投影都没有积聚性,又没有合适的平面作辅助面,它们之间的交线就可以用辅助球面法求出。根据三面共点原理,辅助面不仅限于平面,还可以是曲面,常用的一种是圆球面。这种利用圆球面作辅助面求相贯线的方法便是"辅助球面法",或称为"球面法"。在许多情况下用这种方法作图非常简便。

作图依据:由旋转面的形成可知,任何旋转面与球面相交,当球心在旋转面的轴线上时,它们的交线为圆,圆心在轴线上,圆平面垂直于轴线。若轴线通过球心并平行某一投影面,则交线在该投影面的投影积聚为一与轴线垂直的直线(见图 8-6 中的 V 投影)。利用这一特征,如果相贯的形体是两个旋转体,它们的轴线相交且同时平行某一投影面,就可以轴线的交点为球心,以适当长为半径作辅助球面,求出两旋转体表面的共有点即相贯线上的点。

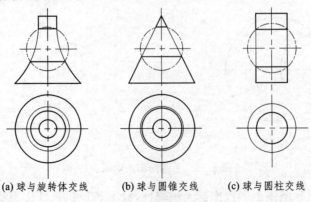

(a) 球与旋转体交线　　(b) 球与圆锥交线　　(c) 球与圆柱交线

图 8-6　球面法(一)

例 8-4 圆柱和圆锥斜交,如图 8-7 所示,求相贯线的投影。

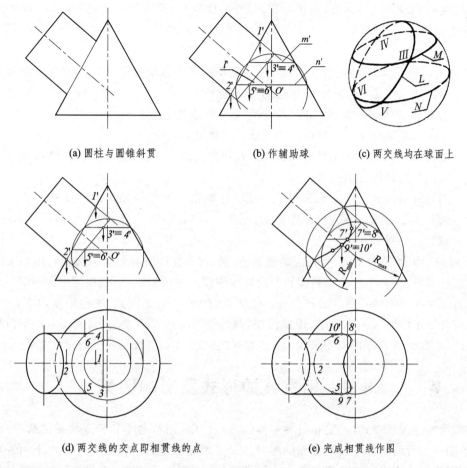

图 8-7 球面法(二)

解 因两相贯体都是旋转体,轴线相交且都平行 V,因此可用辅助球面法求解。

作图如下:先求 V 投影。两形体的外形线位于两形体的公共对称面上,因而相交得 $1'$ 和 $2'$,即相贯线的最高点和最低点。用辅助球面法求一般点,其步骤是:

① 以两轴线的交点 O 为球心,以适当长度为半径作辅助球面,使其与两相贯体相交。本例就是以 O' 为球心,以适当长为半径画圆,使它与圆柱和圆锥的 V 投影外形线相交,如图 8-7(b) 和(c)所示。

② 求出辅助球面与圆柱面和圆锥面的交线,即球面与圆柱面外形线的交点的连线 l' 与圆锥面外形线交点的连线 m' 和 n'。

③ 求出球面与二相贯体表面交线的交点,即 l' 与 m' 和 n' 的交点分别为 $3' \equiv 4'$,$5' \equiv 6'$,它们就是所求相贯线上的点的 V 投影。有了一个投影,就可用"面上取点"法求出其他投影。H 投影中的 3、4、5、6 点,就是借助圆锥面上水平圆 M 和 N 的投影求得的,如图 8-7(d)所示。

依法仍以 O' 为球心,改变球的半径,又可求得相贯线上一系列点。

V 投影中的 $7'$ 是利用最小球 R_{min} 作辅助球求得的,$7' \equiv 8'$ 并由它们可求得 7、8 两点。H 投影中圆柱外形线上的点 9 和 10,是画出相贯线的 V 投影得到 $9'$ 和 $10'$ 后再定出的,如

图 8-7(e)所示。它是 H 投影中相贯线与圆柱外形线的切点,也就是可见性的分界点。

相贯线的 V 投影前后对称,投影重合,与外形线相交,成为双曲线的一段;H 投影是一封闭的、光滑的曲线,与圆柱面外形线相切(图 8-7(e)),$\overline{952610}$ 位于圆柱的下半部都不可见。

讨论:

① 显然,用辅助球面法求相贯线时,只能先在两旋转体轴线所平行的那个投影面上的投影中作图,然后按照"旋转面上取点"的方法求其他投影。

② 两相贯的形体必须满足下面三个条件才可用辅助球面法:
- 必须都是旋转体——这样才能与辅助球面交于圆周。
- 轴线必须相交——这样才能将交点选作公共的球心,因而才能使辅助球面分别与相贯的二旋转体交出圆来。
- 两轴线必须平行同一投影面——这样才能使辅助面与相贯的两旋转面的交线圆投影积聚为直线;否则,投影成椭圆,不便于准确画图(当然,如果允许用换面法,此时球面法仍可行)。

③ 辅助球面半径的大小,有一定的范围;否则,就不能同时与相贯的两旋转体相交以求得共有点。一般来说,最小半径为两旋转面内切球中较大的一个的半径(本例中即圆锥面内切球的半径);最大半径为球心到两旋转面外形线交点中最远一点的距离(本例中即 $O'1'$)。

在符合使用球面法的条件下,用球面法解题,作图是比较简便的,特别是对斜贯效果更明显。此外,对图 8-7 所示的只要求在一个投影作图时,它不需要作任何辅助投影就可直接求出。

8.5 相贯线的形式及影响因素

相贯线的性质和形式,只受相贯两形体的表面性质、相对大小和相互位置的影响;而其投影形式,则还要看两相贯体对投影面的相对位置。如果掌握了其中的变化规律,就可在作图时心中有数,也有助于提高空间想像能力。特别是一些特殊情形,它们不需要经过辅助性作图就可直接作出。这些特殊情形,在工程上是经常遇见的。

8.5.1 关于二次曲面的相贯线

二次曲面的相贯线如下:

① 如果一个 m 次曲面与一个 n 次曲面相交,则它们的交线(即相贯线)为 $m \times n$ 次。因此,两个二次曲面的交线一般为四次曲线。

② 两个具有公共对称面的二次曲面的交线(四次空间代数曲线),在平行于对称面的平面上的投影为二次曲线(特殊情况下为直线)。据此可以判别有关相贯线的性质和投影形式。图 8-8 给出了这方面的几个例子。因为它们都具有平行 V 的公共对称面,所以其相贯线的 V 投影都是二次曲线。其中,圆柱与圆柱(见图 8-8(a))、圆柱与圆锥(见图 8-8(b))、圆锥与圆锥的相贯线的 V 投影为双曲线的一段,圆球与圆柱(见图 8-8(c))、圆锥与圆球(见图 8-8(d))的相贯线的 V 投影为抛物线的一段。

③ 若两个二次曲面与另一个二次曲面外切(或内切),则相交于二次曲线。这是由法国学者蒙若(G. Monge)提出,故称为蒙若定理。图 8-9 是关于蒙若定理的几个最常见的例子。其中,圆柱与圆柱、圆柱与圆锥相贯,都有公共的内切球面。因此,相贯线为两个椭圆,它们的 V

投影聚集为两条直线段 $a'b'$ 和 $c'd'$，故相贯线的 V 投影是只需将外形线的交点 a' 与 b'、c' 与 d' 连成直线即可，而不要逐点去求了。

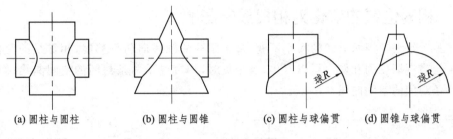

(a) 圆柱与圆柱　　(b) 圆柱与圆锥　　(c) 圆柱与球偏贯　　(d) 圆锥与球偏贯

图 8-8　各种曲面相贯

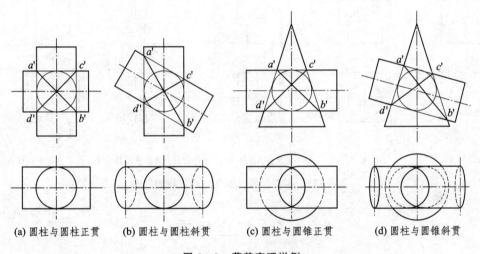

(a) 圆柱与圆柱正贯　　(b) 圆柱与圆柱斜贯　　(c) 圆柱与圆锥正贯　　(d) 圆柱与圆锥斜贯

图 8-9　蒙若定理举例

8.5.2　尺寸大小的变化对相贯线的影响

图 8-10 给出了两圆柱在轴线相交的情况下，随着立圆柱的直径逐渐增大，相贯线在公共对称面上的投影的变化规律的例子。由图可以看出：

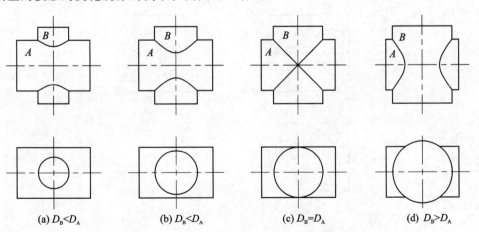

(a) $D_B < D_A$　　(b) $D_B < D_A$　　(c) $D_B = D_A$　　(d) $D_B > D_A$

图 8-10　尺寸大小的变化对相贯线的影响

① 总是直径小的贯入直径大的；
② 相贯线是绕小形体一周的空间曲线，而且其投影总是朝向大形体的一侧弯曲。

8.5.3 相对位置的变化对相贯线的影响

图 8-11 给出了当两形体的大小不变，将小圆柱的轴线向前平移时，相贯线的变化规律。两形体由全贯逐渐变为互贯。可以看出，当全贯时，相贯线是两条封闭的空间曲线；而互贯时就变成一条封闭的空间曲线。

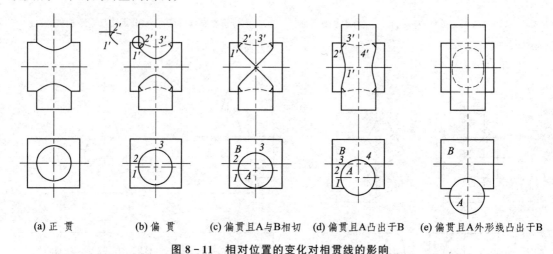

图 8-11　相对位置的变化对相贯线的影响

8.6　复合相贯

所谓复合相贯，是指一基本形体同时与两个以上的基本形体相贯的情况。

复合相贯的相贯线，总是由每两个基本形体的相贯线两两组合而成。旋转体的复合相贯，常见的可分为三种情况：
- 两旋转体表面相交，同时与另一旋转体相贯，如图 8-12 所示。

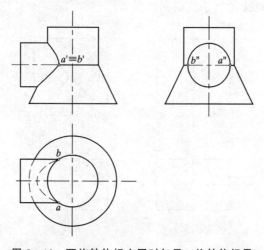

图 8-12　两旋转体相交同时与另一旋转体相贯

- 两旋转体表面相切,同时与另一旋转体相贯,如图 8-13 所示。

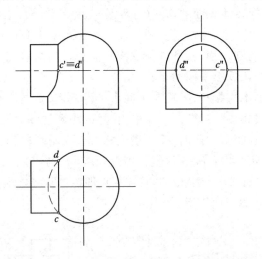

图 8-13 两旋转体相切同时与另一旋转体相贯

- 两旋转体表面不直接相连(中间由平面相接),同时与另一旋转体相贯,如图 8-14 所示。

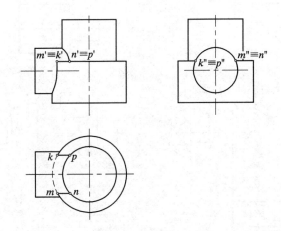

图 8-14 两旋转体表面不直接相连同时与另一旋转体相贯

因此,求复合相贯的相贯线时,需要解决的问题及步骤如下:

① 进行形体分析,认清参与相贯的基本几何形体。

② 分别求出每两个基本形体的相贯线,并截取所需要的部分。

③ 正确地表示出各段相贯线之间的连接关系及接合点。关于这一点,从上面三个情况可以看出如下重要事实:

- 若 A 与 B 两旋转体表面相交,同时又与另一旋转体相贯,则两段相贯线也相交。交点就是 A 和 B 两旋转体表面交线(分界线)与另一旋转体的贯穿点(三表面的公共点)。如图 8-12 中,立圆柱与圆锥表面相交,同时与横圆柱相贯,则横圆柱与立圆柱、横圆柱与圆锥相贯的两段相贯线也相交,并且交于 A 和 B 上两点,V 投影中交于 $a' \equiv b'$。

- 若 A 与 B 两旋转体表面相切，同时又与另一旋转体相贯，则两段相贯线也相切，切点就是 A 和 B 两旋转体表面的切线（分界线）与另一旋转体表面的贯穿点（三表面的公共点）。如图 8-13 中，球面与立圆柱面相切于水平大圆（分界线），同时都与横圆柱相贯，则横圆柱与圆球面、横圆柱与立圆柱面相贯的两段相贯线也一定相切，并且切于 C 和 D 两点，V 投影中相切于 $c' \equiv d'$。
- 若两旋转体表面不直接相连，而是中间由平面截交，则两段相贯线也不直接相连，而是分别与截交线相接。如图 8-14 中，直立的小圆柱和大圆柱通过上端面（平面）相连，同时与横圆柱相贯。此时，除了横圆柱与直立两圆柱相贯外，还与直立大圆柱的上端面相交于 MN 和 KP 二素线。因此，横圆柱与直立圆柱相贯的两段相贯线之间，分别有 MN 和 KP 与之相连，其连接点即该二素线之端点。

例 8-5 补全组合体的三面投影，如图 8-15 所示。

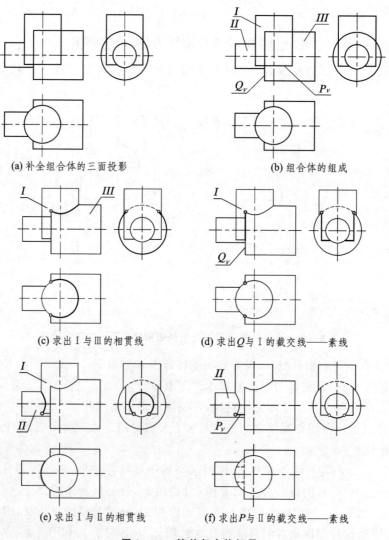

(a) 补全组合体的三面投影　　　　　(b) 组合体的组成

(c) 求出 I 与 III 的相贯线　　　　(d) 求出 Q 与 I 的截交线——素线

(e) 求出 I 与 II 的相贯线　　　　(f) 求出 P 与 II 的截交线——素线

图 8-15　简单复合体相贯

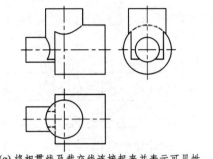
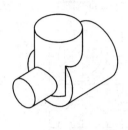

(g) 将相贯线及截交线连接起来并表示可见性　　　　(h) 立体形象

图 8-15　简单复合体相贯(续)

组合体由圆柱Ⅰ,Ⅱ,Ⅲ组成,轴线相交,都位于平行 V 的平面上。Ⅰ的端面 P 与Ⅱ交于素线,Ⅲ的端面 Q 与Ⅰ交于素线。下面各图是它的作图步骤。

例 8-6　补全组合体的三面投影,如图 8-16 所示。

组合体由Ⅰ,Ⅱ,Ⅲ,Ⅳ和球体Ⅴ组成且有平行于 V 的公共对称面。下面各图是它的作图步骤。

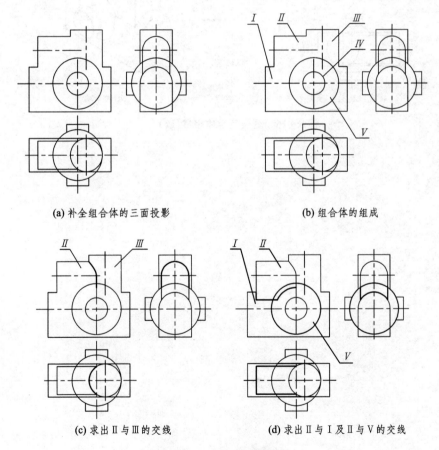

(a) 补全组合体的三面投影　　　　(b) 组合体的组成

(c) 求出Ⅱ与Ⅲ的交线　　　　(d) 求出Ⅱ与Ⅰ及Ⅱ与Ⅴ的交线

图 8-16　复杂复合体相贯

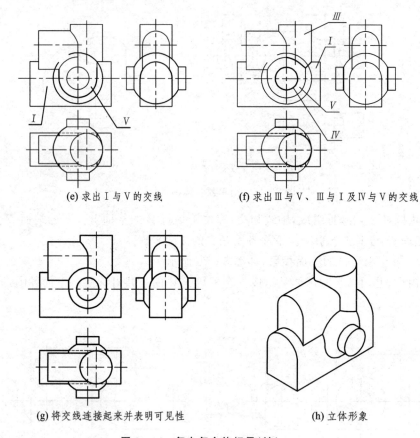

图 8-16 复杂复合体相贯(续)

第 9 章 CSG 体素构造法

9.1 体素构造 CSG 的原理和方法

CSG(Constructive Solid Geometry)体素构造表示法,是用计算机进行实体造型的一种构形方法,也是一种新的构形思维方式。这种构形方法的描述,既符合空间形体的构形过程,又能满足计算机实体造型的要求。

体素构造表示法,把复杂的实体看成由若干较简单的最基本实体,经过一些有序的布尔运算而构造出来。这些简单的、最基本的实体称为体素,如图 9-1 所示。

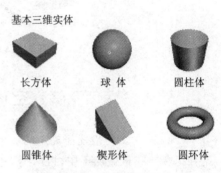

在现有的实体造型系统中可为用户提供基本体素。这些体素的尺寸、形状、位置和方向,由用户输入较少的参数就可以确定,例如,用户输入不同的长、宽、高和位置参数即可定义一组不同尺寸的长方体体素。用户可以对圆球体输入不同的参数,使其成为球体(或椭球体),如图 9-2 所示。

图 9-1 基本几何体素

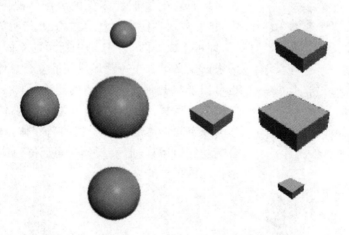

图 9-2 设定几何体素的参数

CSG 表示法与机械产品的装配方式类似。一般的机械产品都是由零部件装配而成的。用 CSG 表示构造几何形体时,先定义几何体素,然后通过几何变换和布尔运算将体素拼合成所需要的几何形状,如图 9-3 所示。通过改变几何体素的参数或用某些体素代替原有体素,就可以达到改变零件形状的目的。

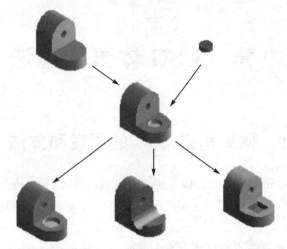

(a) 改变圆柱孔的大小　(b) 改变圆柱的位置　(c) 将圆柱用四棱柱代替

图 9-3　CSG 表示法构造实体的参数改变

9.2　空间形体的正则集合运算

CSG 的含义是指任何复杂的形体都可以用体素的组合来表示。通常用正则运算来实现这种组合。在机械加工中，将两个零件焊接在一起，可以看作是空间形体的求"并"过程；在一个空间形体上钻一个孔或开一个槽，实际上是从这个空间形体上移去了相应于孔或凹槽的那部分材料，相当于"差"运算；空间形体间的求"交"运算可以用来检查装配体上各零件的装配情况。例如图 9-4(a) 中，指明方块和棱锥放置的方式，并指明集合的"并"(∪)运算，即可生成如图 9-4(b) 中所示的立体，两个原空间形体的表面定义组合在一起形成新的复合立体的定义。该立体也可用于与其他空间形体的组合。图 9-5 中采用集合"交"(∩)运算，把两个空间形体重叠的部分取出，生成一个作为原空间形体的公共子集的新立体。图 9-6 中采用集合"差"(−)运算，把第二个空间形体的体积从第一个空间形体的体积中减去。

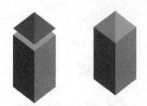

(a) 四棱锥与四棱柱　(b) 四棱锥与四棱柱集合

图 9-4　用"并"(∪)运算将两个实体组合

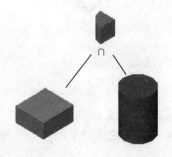

图 9-5　用"交"(∩)运算

图 9-6　用"差"(−)运算产生割体

图 9-7 和图 9-8 分别为锥与球的"并"、"差"、"交"和渲染后的效果图。

图 9-7　锥与球的"并"、"差"、"交"　　　　图 9-8　渲染后的效果图

9.3　建立实体模型的一般过程

所有的空间形体,无论复杂或简单,都是由一些基本几何形体组合而成。基本形体一般包括长方体、球体、圆柱体和圆球体等。实体造型就是首先生成这些基本体素,然后通过拼合或者减取,得到最终的实体模型。下面将讨论如何利用体素拼合的方法,得到图 9-9 中的形体模型。

首先执行 SULbox 命令生成一个长方体,只要输入长方体的长、宽、高即可得到所需的实体块;然后执行 SOLcyl(Solid cylinder)命令,生成一个圆柱体;执行构造实体几何 CSG(Constructive Solids Geometry)命令 SOLunion(实体"并"运算),把生成的长方体与圆柱体合并成一个实体,如图 9-10 所示。

接着,在基座的顶部生成一个长方体,用 SOLunion 命令,将该长方体与基座合并成一个新实体,如图 9-11 所示;然后在模型中的指定位置生成一个长方体,与所形成实体进行"差"运算(SOLsub)生成新的实体,如图 9-12 所示。

图 9-9　形体模型

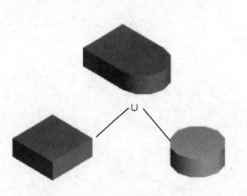
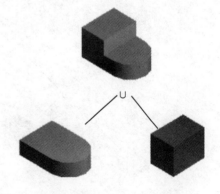

图 9-10　长方体与圆柱体求"并"　　　　图 9-11　基座与长方体求"并"

最后执行 SOLcoyl 命令,按孔的直径和深度建立一个圆柱体,并将圆柱体移至实体中指定位置,使用 SOLsub 命令就形成所需的基座孔。所得结果如图 9-13 所示。

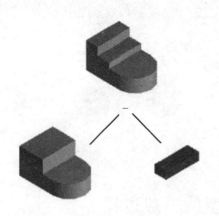

图 9-12 所形成实体与长方体求"差"

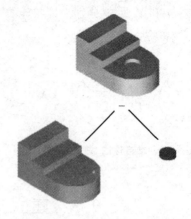

图 9-13 形成实体与圆柱体求"差"

9.4 空间形体的 CSG 树表示

1. CSG 树结构

前面将图 9-9 中的压块按 CSG(构建实体几何)法说明了建立实体模型的一般过程。通过 CSG 法建立的实体模型可以保留形体的结构和尺寸信息。

建立实体模型时使用的布尔运算,可以形成一个记录每步执行信息的层结构或者树结构。因为有时需要将实体模型分解还原为独立的基本体素,所以使用树结构保存建模信息比较重要。图 9-14 表示实体模型构造过程的树结构,叶节点 Ⅰ 和 Ⅱ 代表长方体和圆柱体执行"并"运算后生成新的实体 A;与叶节点 Ⅲ 进行"并"运算生成实体 B;再与叶节点 Ⅳ 进行"差"运算生成实体 C;最后与叶节点 Ⅴ 进行"差"运算,得到根节点处完整的实体模型 D。

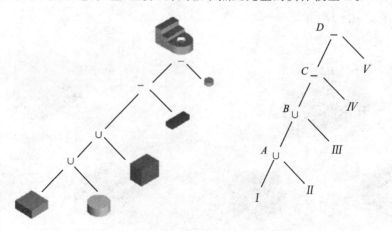

图 9-14 压块的 CSG 树表示

2. 空间形体的 CSG 树表示

如上所述,一个复杂的空间形体,可以由一些比较简单、规则的空间形体经过布尔运算而得到,于是这个复杂的空间形体可以描述为一棵树。这棵树的终端节点为基本体素(如立方体、圆柱及圆锥),而中间节点(叶节点)为正则集合运算的节点。这棵树叫做 CSG 树。图 9-14 所示为压块的 CSG 树表示,图 9-15 所示为空间形体 CSG 树表示。

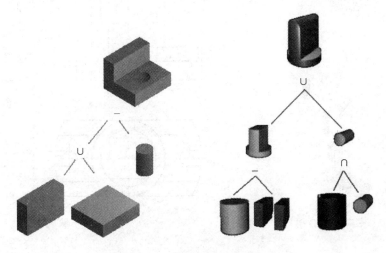

图 9-15 空间形体 CSG 树表示

9.5 空间形体的体素和构造形式实例分析

例 9-1 根据支架的投影如图 9-16 所示,构造其 CSG 树。

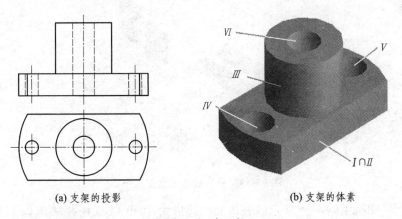

(a) 支架的投影　　　　　　　　(b) 支架的体素

图 9-16 支　架

从图 9-16 可以看出,支架由Ⅰ,Ⅱ,Ⅲ,Ⅳ,Ⅴ,Ⅵ基本形体构成。其中,Ⅳ和Ⅴ是同一个形体,而形体Ⅰ,Ⅱ,Ⅲ是"并"运算,再减(sub)去形体Ⅳ,Ⅴ,Ⅵ就形成了该支架。图 9-17 为支架的 CSG 树表示。

例 9-2 根据底座三视图,分析形体的生成过程,想像它的三维形状,画出其 CSG 树。

由投影图 9-18 分析底座生成过程如下:

由基本体素圆柱Ⅰ和四棱柱Ⅱ求"交",再与四棱柱Ⅲ求"差"后生成实体 B;然后与两个圆柱及棱柱求"并"后的实体求"差"生成实体 C;由圆柱Ⅳ与Ⅴ求"差"后生成实体Ⅵ,Ⅵ与四棱柱Ⅶ求"差"后生成实体Ⅷ,Ⅷ与四棱柱Ⅸ求"差"后生成实体Ⅹ;最后,实体 C 与Ⅹ求"并"得到实体模型 D,如图 9-19 所示。

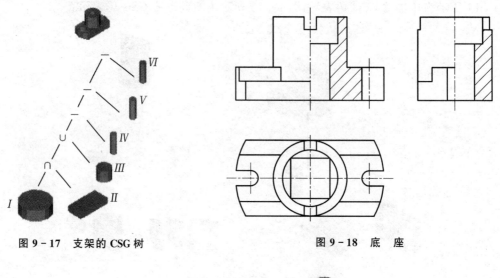

图 9-17 支架的 CSG 树　　　　图 9-18 底　座

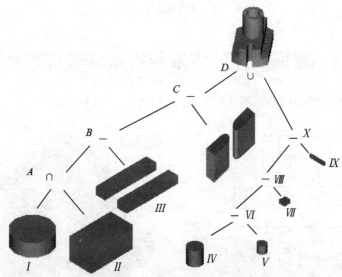

图 9-19 分析底座的生成过程

例 9-3　分析如图 9-20 所示组合体的构造形式,画出 CSG 树并求其 W 投影。

解

形体分析:组合体(图 9-20)的 CSG 树构成形式如图 9-21 所示。它由基本体素圆柱和圆球求"并"后,再分别与轴线⊥H 面和轴线⊥V 面的两圆柱求"差"后形成。

作图步骤:

① 求圆柱Ⅰ与圆球Ⅱ求"并"后 A 的投影。

② 求圆柱Ⅲ与形体 A 的交线如图 9-22(a)所示。当圆柱通过球心时,柱球交线空间为圆。在圆柱轴线所平行的投影面 H 和 W 上投影都为直线。如图 9-22(a)所示,W 投影 $1''2''3''$ 为直线,圆柱Ⅰ与Ⅲ相交线的 W 投影为 $1''a''b''c''3''$。由于交线左右对称,故同理可求出右边的交线。

③ 求形体 B 与圆柱Ⅳ的交线。圆柱Ⅲ与圆柱Ⅳ直径相等，轴线相"交"、"并"都平行 W 投影面，由此得出两圆柱交线的 W 投影为直线。圆柱Ⅳ与形体 B 球面交线的 W 投影也为直线，如图 9-22(b)所示。为使图形清晰，将 W 投影画为全剖视。

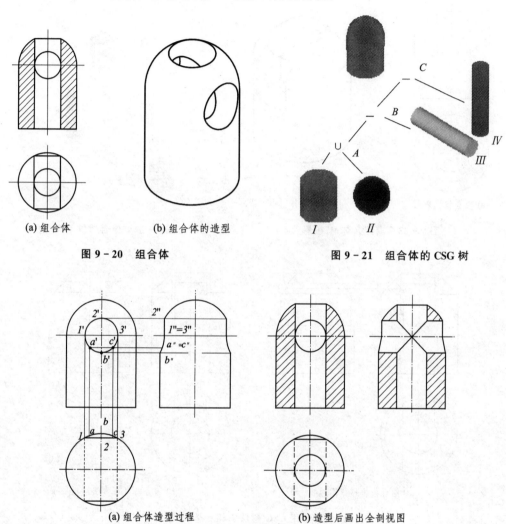

图 9-20　组合体　　　　　　　图 9-21　组合体的 CSG 树

图 9-22　组合体的投影

例 9-4　画出组合体的 CSG 树，并求其 W 投影，如图 9-23 所示。

解

形体分析：组合体 CSG 树构成如图 9-24 所示。它由基本体素圆柱Ⅰ与圆锥Ⅱ求"并"后生成新的实体 A；与叶节点四棱柱Ⅲ"差"后生成实体 B；再与叶节点圆柱Ⅳ求"差"后得到根结点处完整的实体模型 C。

作图步骤：

① 求圆柱Ⅰ与圆锥Ⅱ"并"运算生成形体 A 的 W 投影。

② 求四棱柱Ⅲ与形体 A 交线的 W 投影——平面截锥（部分双曲线 $1''2''3''$）、平面截柱（外形线退缩 $3''4''$）及四棱柱孔的 W 投影。由对称性，求出另一边的投影，如图 9-25(a)所示。

③ 求出四棱柱Ⅲ与圆柱Ⅳ交线的 W 投影 $5''6''$ 及圆柱Ⅳ与形体 B"差"运算后柱孔外形线的 W 投影。同理求出左半部，如图 9-25(b)所示。

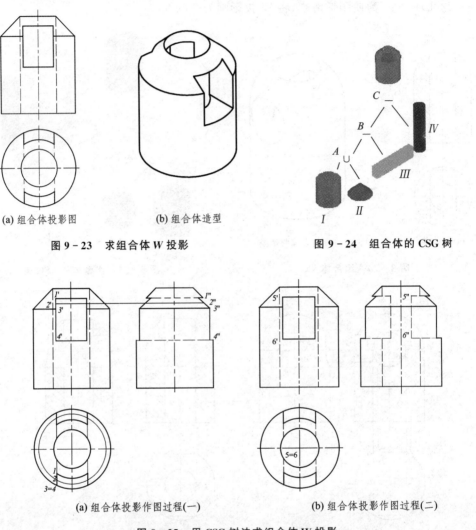

(a) 组合体投影图　　　　(b) 组合体造型

图 9-23　求组合体 W 投影　　　　图 9-24　组合体的 CSG 树

(a) 组合体投影作图过程(一)　　(b) 组合体投影作图过程(二)

图 9-25　用 CSG 树法求组合体 W 投影

例 9-5　分析复合形体的构造形式如图 9-26(a)所示，画出 CSG 树，并求其 W 投影。

解

形体分析：图 9-26 所示复合体的 CSG 树构成如图 9-27 所示。它由叶节点圆柱分别与两个四棱柱进行"差"(−)运算生成形体 B，与圆柱Ⅳ和Ⅴ进行"交"(∩)运算生成形体 C，求"并"(∪)生成新的实体 D；然后与叶节点圆柱Ⅵ求"并"(∪)生成实体 E，再与圆柱Ⅶ和四棱柱Ⅷ求"并"后生成的实体 F 进行"差"运算；最后得到根结点处的完整形体 G。

作图步骤：

① 求圆柱Ⅳ与Ⅴ相贯线的 W 投影 $1''2''3''4''5''$。

② 求四棱柱Ⅱ与圆柱Ⅰ"差"运算后所得的交线的 W 投影 $1''6''$ 和 $6''7''$，如图 9-28(a)所示。

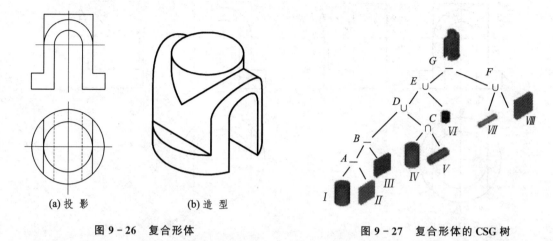

(a) 投影 (b) 造型

图 9-26 复合形体

图 9-27 复合形体的 CSG 树

③ 求圆柱Ⅴ与圆柱Ⅵ相贯线的 W 投影 $f''g''h''$。二圆柱等直径且两轴线相交,并平行 W 投影,由此得出交线的 W 投影为直线,如图 9-28(b)所示。

④ 形体 F 与 E 求"差"运算后生成的相贯线的 W 投影 $a''b''c''$ 和交线的 W 投影 $a''d''$,如图 9-28(c)所示。同理,求出对称的左半部交线,如图 9-28(d)所示。

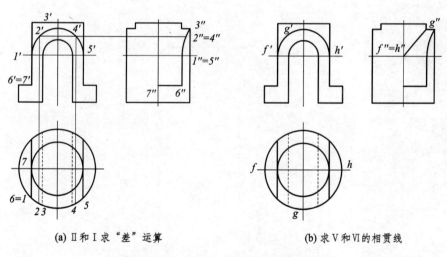

(a) Ⅱ和Ⅰ求"差"运算 (b) 求Ⅴ和Ⅵ的相贯线

图 9-28 求复合形体 W 投影的过程

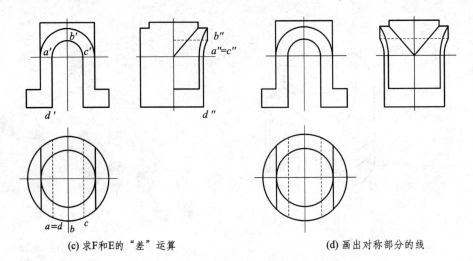

图 9-28 求复合形体 W 投影的过程(续)

第 10 章　轴测投影图

10.1　轴测投影

1. 基本概念

(1) 定　义

用平行投影法,选择适当的投影方向,将物体连同其上的直角坐标系,投影到一个投影面上,所得到的投影,称为轴测投影。如图 10-1 所示,物体放置在两投影面体系中,其上的直角坐标轴分别平行于投影轴。现选择对三个投影面都倾斜的直线 S 作为投影方向,则在不与 S 平行的平面 π 上,就可得到物体有立体感的单面平行投影,即其轴测投影。

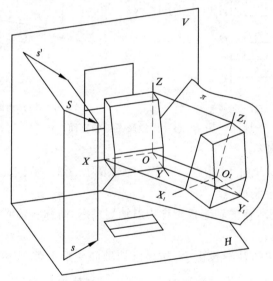

图 10-1　物体的轴测投影

(2) 轴测轴、轴间角、轴向变形系数

由平行投影的性质可知:

① 空间互相平行的直线,其轴测投影互相平行;

② 同一方向的空间直线段,其轴测投影长与其实长之比相同。此比值称为变形系数。若已知物体上直角坐标系 $O-XYZ$ 的轴测投影为 $O_1-X_1Y_1Z_1$,将后者画在图纸平面上并使 O_1Z_1 轴保持铅直方向,如图 10-2 所示。若又已知沿此三

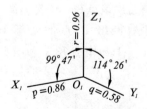

图 10-2　轴测投影性质

坐标轴方向的变形系数依次为 p,q 和 r,则利用上述性质就可作出物体的轴测投影,如图 10-3 所示。以 C_1 点和 D_1F_1 线为例:C 点的轴测投影 C_1 点在 O_1Z_1 轴上,且 $O_1C_1=r\times O'c'$。DF 线的轴测投影为 D_1F_1,其端点 D_1 在过 C_1 的 O_1X_1 的平行线上,且 $C_1D_1=p\times c'd'$;其

端点 F_1 在过 D_1 的 O_1Y_1 平行线上,且 $D_1F_1 = q \times df$。其中,p,q,r 是轴的变形系数。

坐标轴 O-XYZ 的轴测投影 O_1-$X_1Y_1Z_1$ 被称为轴测轴;每两条轴测轴之间的夹角被称为轴间角;沿轴测轴方向直线段的变形系数被称为轴向变形系数。选定投影方向 S 和投影面 π 之后,轴间角和轴向变形系数随之确定;改变投影方向 S 和投影面 π,轴间角和轴向变形系数也随之改变。于是,就可得到各种不同的轴测投影。

已知轴测轴和轴向变形系数,就可直接画出与任一坐标轴平行的直线段的轴测投影。而不平行于任何坐标轴的直线段,就不能直接画出。例如,图 10-3 中的 F_1H_1 线段,就只能定出 F_1 和 H_1 点之后,连接此两点才能画出。根据平行性,与 FH 平行的 MN,其轴测投影 M_1N_1 必平行于 F_1H_1。非轴向的直线段,虽有平行性可以利用,但由于不知沿此方向的变形系数,所以不能直接画出。正由于画轴测投影时,只能沿着轴测轴的方向分别按照各自的轴向变形系数进行测量,对于非轴向的直线段则不能进行测量,所以称为轴测投影。

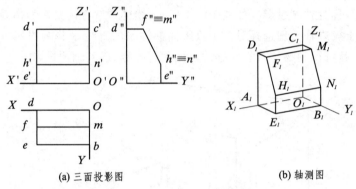

(a) 三面投影图　　　　　　　　(b) 轴测图

图 10-3　由投影图画轴测图

(3) 正轴测和斜轴测

若投影面 π 与投影方向 S 垂直,则所得的轴测投影称为正轴测投影,简称正轴测。图 10-3(b) 就是一种正轴测。

若 π 和 S 不垂直,则所得的轴测投影称为斜轴测投影,简称斜轴测。

(4) 次投影

从带有轴测轴的物体的轴测投影中,如果已知轴向变形系数,常可得出物体上点的坐标值。如图 10-3(b) 中的 F 点,其 y 坐标为 D_1F_1/q、x 坐标为 D_1C_1/p、z 坐标为 C_1O_1/r。但一般情况下,若仅知轴测轴和点的轴测投影如图 10-4(a) 所示,则不能确定该点的坐标值;必须再给出该点在一个坐标面上正投影的轴测投影,例如图 10-4(b) 中的 K_{1V},才能用轴向变形系数得出 K 点的坐标值。点在坐标面上正投影的轴测投影,称为该点的次投影。图 10-4(c) 中的 K_{1H} 和图 10-4(d) 中的 K_{1W} 都是 K 点的次投影。

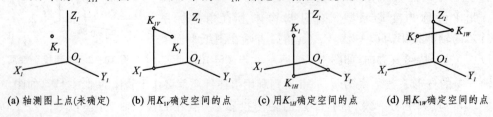

(a) 轴测图上点(未确定)　(b) 用K_{1V}确定空间的点　(c) 用K_{1H}确定空间的点　(d) 用K_{1W}确定空间的点

图 10-4　次投影

2. 正轴测的轴向变形系数和轴间角

(1) 正轴测的两个定理

图 10-5 表示三投影面体系中的一般位置平面 π。如将 $O\text{-}XYZ$ 看作物体上的直角坐标系,将 π 看作轴测投影面,则沿垂直于 π 的投影线将 $O\text{-}XYZ$ 投影到 π 上,就得到正轴测的轴测轴 $O_1\text{-}X_1Y_1Z_1$。π 的三条迹线 X_1Z_1,X_1Y_1 和 Y_1Z_1 组成的三角形称为迹线三角形。

定理 1 正轴测的三个轴向变形系数的平方和等于 2。

证 在图 10-5 中,轴测轴 O_1X_1,O_1Y_1,O_1Z_1 与物体上对应坐标轴的夹角分别为 α,β 和 γ,投射线 OO_1 与三个坐标轴的夹角(方向角)分别为 α_1,β_1 和 γ_1,由于 OO_1 垂直于 π 平面,所以 $\triangle OO_1X_1$,$\triangle OO_1Y_1$,$\triangle OO_1Z_1$ 都是直角三角形,于是有

$$\alpha = 90° - \alpha_1$$
$$\beta = 90° - \beta_1 \quad (10-1)$$
$$\gamma = 90° - \gamma_1$$

根据轴向变形系数的定义,有

$$p = O_1X_1/OX_1 = \cos\alpha$$
$$q = O_1Y_1/OY_1 = \cos\beta \quad (10-2)$$
$$r = O_1Z_1/OZ_1 = \cos\gamma$$

将式(10-1)代入式(10-2)得

$$p = \sin\alpha_1$$
$$q = \sin\beta_1$$
$$r = \sin\gamma_1$$

三式的平方和为

$$p^2 + q^2 + r^2 = 3 - (\cos^2\alpha_1 + \cos^2\beta_1 + \cos^2\gamma_1) \quad (10-3)$$

由空间解析几何可知

$$\cos^2\alpha_1 + \cos^2\beta_1 + \cos^2\gamma_1 = 1 \quad (10-4)$$

将式(10-4)代入式(10-3)得

$$p^2 + q^2 + r^2 = 2 \quad (10-5)$$

定理得证。

定理 2 正等测的轴测轴是迹线三角形的高线。

证 在图 10-5 中,OZ 垂直于 X_1Y_1,X_1Y_1 又在 π 上。根据直角投影定理,O_1Z_1 必垂直于 X_1Y_1,即轴测轴 O_1Z_1 是迹线三角形 X_1Y_1 边的高线。同理可知,O_1Y_1 和 O_1X_1 分别是 X_1Z_1 边和 Z_1Y_1 边的高线,如图 10-6 所示。定理得证。

(2) 正等测的轴向变形系数和轴间角

三个轴向变形系数都相等($p=q=r$)的正轴测称为正等测。

1) 正等测的轴向变形系数

将 $p=r$ 和 $q=r$ 代入式(10-5)得

$$3r^2 = 2 \quad (10-6)$$
$$r = \sqrt{2/3} \approx 0.82$$

即正等测的三个轴向变形系数均为 0.82,如图 10-7(b)所示。

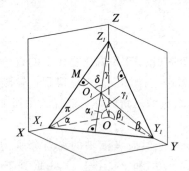
图 10-5 迹线三角形

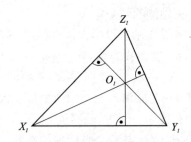
图 10-6 正等测的轴测轴是迹线三角形的高线

2) 正等测的轴间角

在图 10-5 中,当 $p=q=r$ 时,π 在 $O-XYZ$ 坐标系中的三个截距必相等,因而迹线三角形的三条边等长,成为等边三角形,如图 10-7(a)所示。由于轴测轴是迹线三角形的高线,所以两轴间的夹角为 120°,即正等测的轴间角均为 120°,如图 10-7(b)所示。

3) 正等测的简化变形系数

为便于作图,画正等测时,通常不采用实际轴向系数 0.82,而采用 $p=q=r=1$ 作为轴向变形系数,也就是沿轴测轴方向的直线段的长度按其实长量取,如图 10-7(c)所示。称 $p=q=r=1$ 为正等测的简化变形系数。这时,所得图形比真实正等测要大,放大为真实投影的 $1/0.82≈1.22$ 倍,但对图形的立体感没有影响。

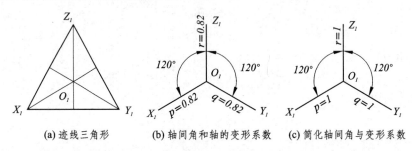

(a) 迹线三角形　　(b) 轴间角和轴的变形系数　　(c) 简化轴间角与变形系数

图 10-7 正等测的轴向变形总数和轴间角

3. 平面立体的正轴测

下面主要叙述由物体的三面投影画其正等测的方法和步骤。一般来说,可分为三步进行:

① 在三面投影中画出物体上的直角坐标系;
② 在适当位置画出对应的轴测轴;
③ 具体画出物体的轴测投影。

由于轴测投影主要起增强立体感的作用,并不用它来度量,所以,常常在画出物体的轴测投影之后,不再保留轴测轴。

为了使图形清晰,轴测投影中一般可不画虚线。

以下各例都采用简化变形系数。

(1) 棱柱体

根据棱柱体的特点,应先画出其可见的底面,再画可见的侧棱,最后画不可见的底面,即以底面为基准面,使之沿侧棱作平移运动,从而生成棱柱体。这一方法称为基面法。

例 10-1 画出图 10-8(a)所示五棱柱的正等测。

取上底面为基面,定出 3_1 点,画出上底面,如图 10-8(b)所示;再画侧棱及下底面,如图 10-8(c)所示;判断可见性后,将可见线描深,如图 10-8(d)所示。

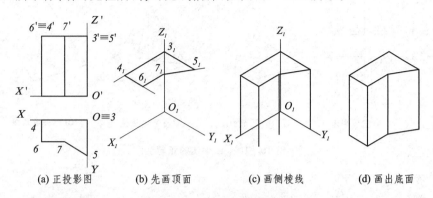

图 10-8 五棱柱的正等测

例 10-2 画出图 10-9(a)所示正六棱柱的正等测。

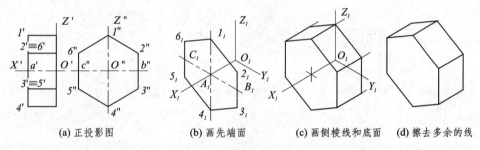

图 10-9 六棱柱的正等测

为作图方便,将坐标系的 X 轴选为与六棱柱的轴线重合;将基面选为左前端面。在 X_1 轴上量出 A_1 点后,过 A_1 作 O_1Z_1 的平行线,就可量得顶点 1_1 和 4_1,而 6_1 则须过 A_1 作 O_1Y_1 的平行线,量得 B_1 和 C_1,再过 B_1 和 C_1 作 O_1Z_1 的平行线后,才能得出。

(2) 棱锥体

先画底面和顶点,再画各侧棱,就可完成棱锥体的正等测。若为棱锥台,则应先画出顶面和底面,后画各侧棱。

例 10-3 画出图 10-10(a)所示三棱柱的正等测。

图中所选取的坐标系,是使底面三角形有两个顶点落在两个坐标轴上,以减少画图时量取坐标的次数。由于所有棱线都不平行于坐标轴,所以只能间接画出。

例 10-4 画出图 10-11(a)所示开槽四棱台的正等测。

先画未开槽时的四棱台,如图 10-11(b)所示,然后再画槽的投影。槽有三个表面,这里是先画出底面,然后画出两个侧面。而为了画出槽的底面,又利用了 $Y_1O_1Z_1$ 坐标面与四棱台的截交线 $A_1B_1C_1D_1$,如图 10-11(c)所示。在 Z_1 轴上量得 R_1 点后,过 R_1 作 O_1Y_1 的平行线,交出 E_1 和 F_1,过 E_1 和 F_1 作 O_1X_1 的平行线,才能量得槽的底面 $K_1L_1N_1M_1$,如图 10-11(d)所示。利用平行性,过 K_1 和 L_1 作 A_1B_1 的平行线,得出 S_1 和 T_1,过 M_1 和 N_1 作 C_1D_1 的平行线,得出 U_1 和 V_1,就完成了槽的两个侧面,如图 10-11(e)和(f)所示。

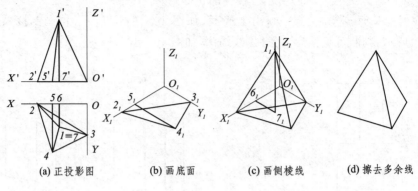

图 10-10 三棱柱的正等测

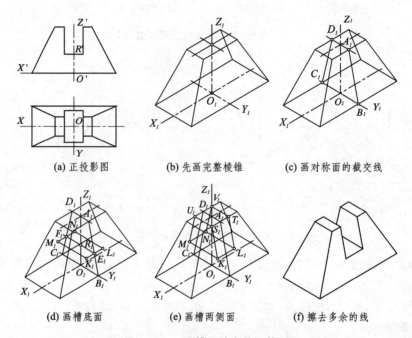

图 10-11 开槽四棱台的正等测

(3) 正等测中有积聚性的平面

凡与轴测投影面垂直的平面,其正等测积聚为直线。

平面是否与轴测投影面垂直,可在三面投影中进行检查。在图 10-12(a)中,画出了正等测投影面的迹线 π_V,π_H 和 π_W,它们分别与 OX 轴和 OY 轴成 $45°$ 角。图中也画出了 π 的法线 S,它的三面投影分别垂直于 π_V,π_H 和 π_W。由于在图 10-12(b)所示物体的 1234 平面上,可以作出 π 的法线,所以平面 1234 是与正等测投影面 π 垂直的,它的正等测 1234 退化为一条直线,如图 10-12(c)所示,而不能画成四边形。

如果物体上很多平面的轴测投影都积聚成直线,就会削弱立体感。例如,图 10-13(a)所示的物体,其正等测如图 10-13(b)所示方孔的两个侧面都积聚为直线,使图形立体感不强,而其正二测(见图 10-13(c))就避免了这一缺点。

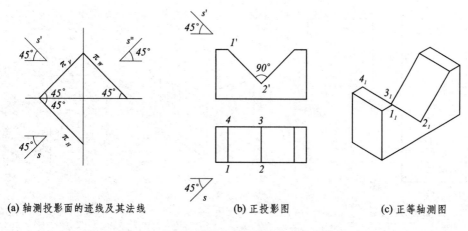

(a) 轴测投影面的迹线及其法线　　(b) 正投影图　　(c) 正等轴测图

图 10-12　正等测中有积聚性的平面的投影

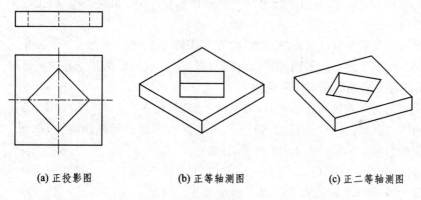

(a) 正投影图　　(b) 正等轴测图　　(c) 正二等轴测图

图 10-13　用正二测表现立体感

4．圆的正等测

这里只讨论平行于坐标面的圆。

(1) 椭圆短轴长度的计算

由前所述知,由倾斜于投影面的圆投影成的椭圆,其短轴与该圆所在平面法线的投影方向相同,短轴的长度等于圆的直径 D 乘以法线对投影面的倾角 θ_H 的正弦。

对于平行坐标面的圆,其法线即为相应的坐标轴,因而该圆的正等测椭圆短轴方向与相应轴测轴相同,长度等于圆的直径 D 乘以相应坐标轴与轴测轴的夹角(即 α,β 或 γ)的正弦。

圆的正等测如图 10-14 所示。

凡平行 XOY 坐标面的圆(水平圆),其正等测椭圆短轴方向与轴测轴 O_1Z_1 相同,短轴长度为

$$2b = D \sin \gamma = D \sqrt{1 - \cos^2 \gamma}$$

由式(10-6)可知,正等测的 $\cos r = \sqrt{2/3}$,故有

$$2b = D\sqrt{1 - 2/3} \approx 0.58D$$

即短轴长度等于 0.58 乘以圆的直径。

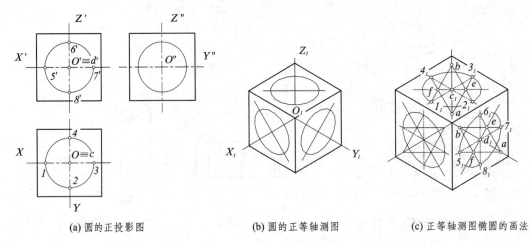

(a) 圆的正投影图　　(b) 圆的正等轴测图　　(c) 正等轴测图椭圆的画法

图 10-14　圆的正等测

由于正等测 $\alpha=\beta=\gamma$，所以平行另两个坐标面圆（正平面和侧平面）的正等测椭圆短轴长度与上述相同。

各椭圆长轴分别与自己的短轴垂直，长度等于圆的直径。图 10-14(a) 是三个不同平面上的圆（水平面、正平面和侧平面）的三面投影，图 10-14(b) 则为其正等测投影图。

(2) 用简化变形系数画正等测椭圆

当采用简化变形系数画正等测时，为了便于作图，常不去计算短轴长度，而是利用圆上平行于坐标轴的二直径的四端点，过此四点作四段圆弧来近似地画出椭圆，如图 10-14(c) 所示。这种椭圆的画法如图 10-15 所示，作法如下：

① 以椭圆中心 c 为圆心，以圆的半径 $D/2$ 为半径，在椭圆所经过的两条轴测轴上量得四点 1，2，3 和 4，在第三个轴测轴上量得 a 和 b 两点。

② 连接 $b1$ 和 $a4$，它们与长轴共同交于 f 点；连接 $b2$ 和 $a3$，它们与长轴共同交于 e 点。

③ 以 a 点为圆心，$a4$（或 $a3$）为半径，作大圆弧 $\overset{\frown}{43}$；以 b 点为圆心，$b2$（或 $b1$）为半径，作大圆弧 $\overset{\frown}{21}$；以 f 点为圆心，$f1$（或 $f4$）为半径，作小圆弧 $\overset{\frown}{14}$；以 e 点为圆心，$e3$（或 $e2$）为半径，作小圆弧 $\overset{\frown}{32}$。

但这一方法长轴误差较大。图 10-16 给出较精确的另一种正等测椭圆画法，作法如下：

图 10-15　正等测椭圆的近似画法

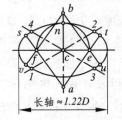

图 10-16　另一种正等测椭圆画法

① 以椭圆中心 c 为圆心，以圆的半径 $D/2$ 为半径，在椭圆所经过的两条轴测轴上量得四点 1，2，3 和 4，在第三个轴测轴上量得 a 和 b 两点。

② 以 a 点为圆心，$a4$（或 $a2$）为半径，作圆弧与短轴交于 n 点。

③ 以 c 点为圆心，cn 为半径作圆弧与长轴交于 f 点和 e 点。

④ 连接 af, ae, bf, be，并延长之。

⑤ 以 a 点为圆心，$a4$（或 $a2$）为半径，作大圆弧 $\overset{\frown}{st}$；以 b 点为圆心，$b3$（或 $b1$）为半径，作大圆弧 $\overset{\frown}{uv}$；以 f 点为圆心，fv（或 fs）为半径，作小圆弧 $\overset{\frown}{vs}$；以 e 点为圆心，et（或 eu）为半径，作小圆弧 $\overset{\frown}{tu}$。

5. 曲面立体和组合体的正等轴测
(1) 圆柱体

例 10-5　画出图 10-17(a)所示圆柱体的正等测。

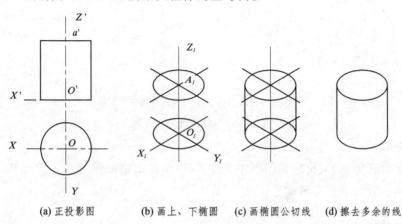

(a) 正投影图　　(b) 画上、下椭圆　(c) 画椭圆公切线　(d) 擦去多余的线

图 10-17　圆柱体的正等测

先画出其两端的正等测椭圆，如图 10-17(b)所示；然后作此二椭圆的外公切线，就是圆柱面正等测的外形线，如图 10-17(c)所示；最后将可见线描深如图 10-17(d)所示。

例 10-6　画出图 10-18(a)所示开槽圆柱体的正等测。

这里先画出槽底平面与圆柱面相交的交线椭圆，如图 10-18(b)所示；再过顶面椭圆中心 A_1 点，在 O_1X_1 方向量取槽宽 12 得出 1_1 和 2_1 点；再过 1_1 和 2_1 作 O_1X_1 的平行线，与槽底面椭圆交于 $7_1, 8_1, 9_1$ 和 10_1 四点；最后连 $7_1 8_1$ 和 $9_1 10_1$。这两条线就是槽的两个侧面与槽面的交线，如图 10-18(c)所示。

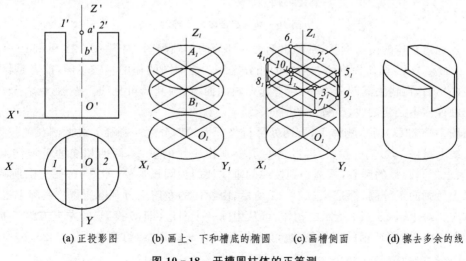

(a) 正投影图　　(b) 画上、下和槽底的椭圆　(c) 画槽侧面　　(d) 擦去多余的线

图 10-18　开槽圆柱体的正等测

(2) 圆锥台

画图 10-19(a)所示圆锥台的正等测时,可先画出其端面椭圆,如图 10-19(b)所示,然后作外公切线,即为圆锥面正等测的外形线,如图 10-19(c)所示。

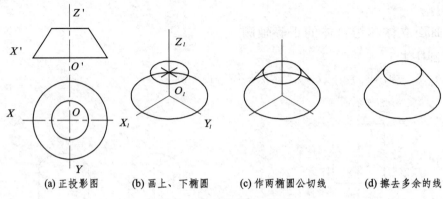

(a) 正投影图　　(b) 画上、下椭圆　　(c) 作两椭圆公切线　　(d) 擦去多余的线

图 10-19　圆锥台的正等测

(3) 组合体

画组合体的正等测时,也应采用形体分析法,逐个画出组成该组合体的各基本组合体,从而完成组合体,如图 10-20 所示。

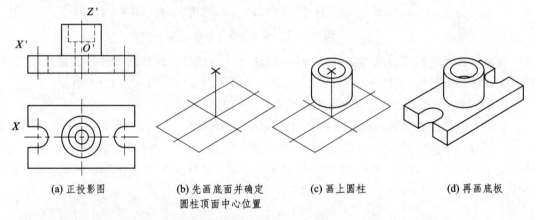

(a) 正投影图　　(b) 先画底面并确定圆柱顶面中心位置　　(c) 画上圆柱　　(d) 再画底板

图 10-20　组合体的正等测

为表达组合体的内部形状,常画出剖去一部分的正轴测图,如图 10-21 和图 10-22 都是沿 XOZ 面和 YOZ 面切去物体左前方的四分之一。但两图的作图步骤不同:前者是将组合体完整地画出后,再切去其四分之一;后者则先画剖面,再画其余可见线。显然,后者画法较好,可以少画许多不必要的线,节省画图时间。

在图 10-23(a)所示物体上,有两处平行坐标面的四分之一圆弧。画此圆弧的正等测时,先在棱线上截得 1,2,3,4 各点,再过这些点分别作棱线的垂线,两两相交的垂线交点 O_1 和 O_2 即为正等测圆弧的圆心,从圆心到棱线的垂线长即为圆弧半径,如图 10-23(b)所示。

以上所画的正等测,都是按图 10-1 所示,由物体的左前上方观察所得。实际上也可选取其他方向。对于图 10-24 所示的物体,可从中间一个图形(即 V 投影)的左上方沿 S 向观察,得到如图 10-25(a)所示的正等测,也可从右上方沿 S 向观察,得到如图 10-25(b)所示的正等测。

第 10 章　轴测投影图

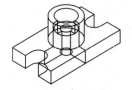
(a) 先画整体

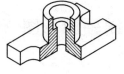
(b) 再画剖切

图 10-21　轴测剖视(一)

(a) 先画截口

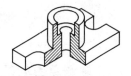
(b) 再画后面部分

图 10-22　轴测剖视(二)

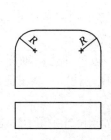
(a) 正投影图

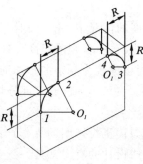
(b) 先画成棱柱，再去掉圆角

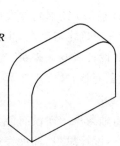
(c) 擦去多余的线

图 10-23　轴测剖视中圆弧画法

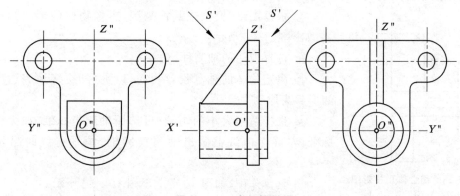

图 10-24　支架投影图

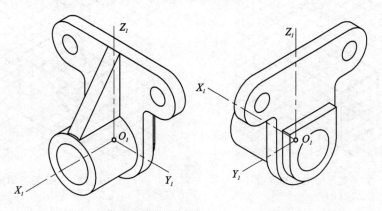

(a) 从左向右看　　　　　(b) 从右向左看

图 10-25　不同视向的轴测图

· 121 ·

10.2 徒手绘制轴测草图

1. 轴测草图的用途

在传统的设计中,在构思一部新机器或新结构的过程中,可先用立体的轴测草图将结构设计的概貌初步表达出来,然后再进一步画出正投影的设计草图,最后再仔细完成设计工作图。

在当今 CAD/CAM 技术高度发展的情况下,先将设计思想用轴测草图粗略表达出来,经推敲以及与他人探讨确定方案后,再进行造型,则能提高设计效率。

另一方面,对设计者本人来讲,当设计较为复杂的形体时,边设计边画轴测草图有利于将形体各个部分构思完整,并合理布局。将形体的已确定部分粗略画出,有利于促使设计者构思未完成部分。

另外,可以用轴测草图向没有能力读正投影图的人作产品或设计的介绍、说明。所以,轴测草图是一种表达设计思想、辅助完成设计的有力工具。

2. 画轴测草图的一般步骤

画轴测草图的一般步骤如下：

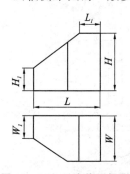

图 10-26 组合体正投影图

① 根据图纸、模型或其他来源,想像物体的形状和比例关系,如图 10-26 所示。

② 选择应用的轴测种类。

③ 决定物体的轴测投影视向,以更好、更多地表达出物体的形象为原则。

④ 选择适当大小的图纸(可选用轴测坐标纸,如无轴测坐标纸,亦可在白纸上画出轴测投影轴,画平行线时尽量保持平行。)

⑤ 具体作图,如图 10-27 至图 10-30 所示。

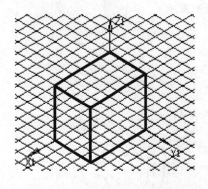

图 10-27 先画轴测轴和四棱柱

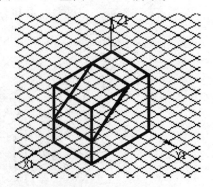

图 10-28 画正垂面切角

选择轴测坐标纸作图,选正等测投影,先画出轴测投影轴,根据 L, L_1, W, W_1, H, H_1 的比例关系分别沿着 X_1, Y_1, Z_1 方向截取相应长度;然后作出长方体,用正垂面截长方形,再用铅垂面截长方形,截切过程中严格遵守"沿轴测量"的原则。

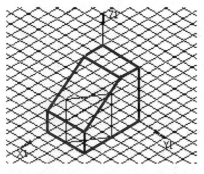
图10-29 画铅垂面切角

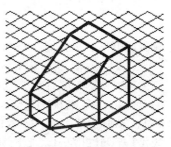
图10-30 擦去多余的线

3. 圆柱的轴测草图

圆的轴测投影是椭圆。椭圆的长轴方向垂直于回转轴,短轴方向与回转轴一致。

画圆柱的轴测草图的步骤如下:

① 根据圆柱高度先定出上下椭圆的中心,如图10-31所示。

② 利用方箱法画圆柱体。先画出圆柱顶面椭圆的外切菱形,利用菱形画椭圆,徒手勾出大、小圆弧,与四边的中点均相切,连成光滑的椭圆曲线。

③ 再按圆柱体高度 H 画出底面的椭圆。为简单起见,可以只画前半个椭圆,如图10-32所示。

④ 画两椭圆公切线,就可迅速画出圆柱的轴测草图,如图10-33所示。

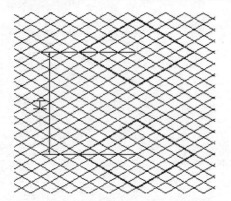
图10-31 先确定圆柱高度,定出上、下椭圆的中心

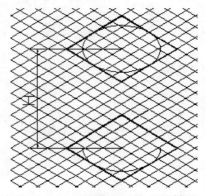
图10-32 利用菱形画上、下两椭圆

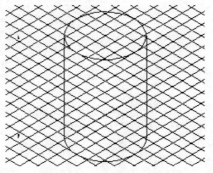
图10-33 画椭圆公切线

参考文献

[1] 张士权. 画法几何[M]. 北京:北京航空航天大学出版社,1987.
[2] 佟国治,王乃成,潘柏楷,等. 机械制图[M]. 北京:北京航空航天大学出版社,1987.
[3] 宋子玉. 画法几何[M]. 北京:北京航空航天大学出版社,1998.
[4] 董国耀,赵国增,李兵,等. 机械制图[M]. 北京:高等教育出版社,2014.
[5] 谭建荣,张树有,陆国栋,等. 图学基础教程[M]. 北京:高等教育出版社,1999.
[6] 佟国治. 现代工程设计图学[M]. 北京:机械工业出版社,2000.
[7] 杨文彬. 机械结构设计准则及实例[M]. 北京:机械工业出版社,1997.
[8] 吴宗泽. 机械结构设计[M]. 北京:机械工业出版社,1988.